# PRESENTE UNA OFERTA GANADORA

**Gustavo Cinca**

Guía para Elaborar Presupuestos de Obra con Ejemplos

# Tabla de contenido

COPYRIGHT ........................................................................................................................2

PREFACIO ..........................................................................................................................1

GUÍA PARA HACER UN PRESUPUESTO ........................................................................4

ESTUDIO DEL PLIEGO DE LICITACIÓN ..........................................................................6

VISITA A OBRA ..................................................................................................................6

REALIZAR CONSULTAS AL CLIENTE ............................................................................10

EVALUAR EL COSTO DE LA INGENIERÍA ....................................................................11

INVENTARIAR LOS MATERIALES ..................................................................................14

CÁLCULO DE LAS HORAS HOMBRE DIRECTAS ........................................................19

EVALUAR EL TIPO DE EQUIPO A USAR ......................................................................25

VALORAR LOS MATERIALES DE CONSUMO Y APORTE ..........................................37

PONDERAR LA MANO DE OBRA INDIRECTA ............................................................40

EVALUAR LOS GASTOS GENERALES ..........................................................................48

DETERMINAR EL COSTO POR SEGUROS ....................................................................53

COSTO FINANCIERO ......................................................................................................75

PREVISIÓN POR CONTINGENCIAS ..............................................................................77

AGREGAR UTILIDADES ..................................................................................................82

DEFINIR EL COSTO IMPOSITIVO ..................................................................................89

**EJEMPLO DE CÁLCULO DE MANO DE OBRA DIRECTA** ............................................................. 92

**EJEMPLO DE COSTO HORARIO DE UN EQUIPO** ................................................................. 95

**EJEMPLO DE COSTO FINANCIERO** ................................................................................ 102

**SOBRE EL AUTOR** .................................................................................................... 104

**OTROS LIBROS DEL AUTOR** ....................................................................................... 106

## Copyright

Año 2024.

© 2020 Gustavo Cinca autor.

Todos los derechos reservados.

Este libro o cualquier parte de este no pueden ser reproducidos o utilizados de ninguna manera sin el permiso expreso y por escrito del autor. Sitio del Autor Calculate Man Hours

**Presente una Oferta Ganadora**

Guía para Elaborar Presupuestos de Obra con Ejemplos

*Si la Obra adjudicado se originó en una oferta deficiente, usted no ganó una obra ganó una complicación. La confiabilidad de un Presupuesto es vital para el funcionamiento sin sobresaltos de cualquier Compañía. Una empresa se sostiene en el tiempo cuando ejecuta de manera rentable cada Obra que se le adjudica.*

# Prefacio

Una empresa contratista se mantiene en el tiempo cuando ejecuta de manera rentable cada obra o servicio que se le adjudica.

Sin embargo, si la obra o el servicio adjudicado se basa en una oferta con deficiencias, es poco probable que el proyecto resulte rentable.

El éxito de un contratista comienza por presentar ofertas sensatas en cada licitación o concurso en el que participa.

"**Presente una Oferta Ganadora**" está diseñado para guiar, paso a paso, a quienes son responsables de elaborar y controlar ofertas en licitaciones y concursos.

Este manuscrito es de especial interés para dueños, accionistas y coordinadores de licitaciones en empresas contratistas o subcontratistas de obras de construcción y montaje industrial.

También resulta útil para todos los miembros de una organización que desempeñan funciones relacionadas con la formulación de ofertas o propuestas en licitaciones o concursos de precios.

Cotizar con precisión es crucial para ejecutar un contrato de manera lucrativa.

Presentar ofertas con precios que se desvían significativamente de la media del mercado puede perjudicar la relación comercial entre el proponente y el cliente.

Si un oferente presenta un presupuesto demasiado bajo y se le adjudica la obra, inevitablemente enfrentará resultados financieros negativos, ya que los gastos superarán los ingresos.

Por otro lado, si la oferta tiene un precio muy alto en comparación con las propuestas de la competencia, probablemente quedará fuera del concurso. Aunque esta última situación es menos perjudicial que la anterior, impacta negativamente en el patrimonio de la empresa debido al aumento de los gastos generales.

En conclusión, al cotizar, es fundamental analizar cada paso cuidadosamente para presentar una oferta equilibrada y sensata.

El objetivo de esta publicación es proporcionar al lector una guía completa y valiosa que sirva de apoyo al momento de presupuestar.

La elaboración de cada propuesta económica es una tarea crucial en la gestión de una empresa de construcción y montaje.

En este manuscrito se detallan los aspectos a considerar en cada etapa de la elaboración de propuestas para alcanzar un presupuesto razonable.
Al final del libro, se incluyen ejemplos prácticos de aplicación.

**Para elaborar un presupuesto asegúrese de que la persona o el equipo encargado de preparar la oferta para la licitación cumpla, entre otros, con las siguientes pautas:**

1. Que haya estudiado en detalle los requisitos especificados en el pliego y los documentos de licitación, a fin de garantizar su cumplimiento.
2. Que posea experiencia directa en la construcción y montaje del proyectos similares al que se va a cotizar o, en su defecto, que tenga la posibilidad de asesorarse con colegas o especialistas para profundizar su conocimiento sobre lo que está cotizando.
3. Que tenga probada experiencia sobre cómo utilizar las tablas de tiempos históricos empleados para ejecutar cada tarea y del tipo de equipamiento a usar.
4. Que sea diligente y que revise cuidadosamente la propuesta para salvar errores.
5. Que conozca los recursos disponibles y de la capacidad operativa de su empresa.

Este manual, diseñado para facilitar la labor del presupuestista, se basa en la vasta experiencia del autor.

A lo largo de su carrera, el autor ha trabajado como jefe y director de obras in situ en diversas plantas de procesos químicos, refinerías, gasoductos, plantas compresoras y centrales térmicas, tanto a nivel nacional como internacional.

Su trayectoria laboral culminó con la fundación y presidencia de una exitosa empresa de construcción y montajes.

Durante su carrera profesional, el autor ha elaborado y revisado cientos de presupuestos para ofertas de reformas en plantas industriales y nuevas instalaciones.

Si el lector decide implementar las sugerencias presentadas a continuación, sus propuestas económicas serán más precisas y confiables.

Un presupuesto confiable es esencial para el funcionamiento sin sobresaltos de cualquier empresa.

# Guía para hacer un presupuesto

**Concurso de Precios**

El concurso de precios es una actividad dentro del proceso de compras, en la cual el adquirente invita a distintos proponentes a presentar su oferta para la provisión de bienes o servicios en sobre cerrado.

Las ofertas deben cumplir determinados requisitos técnicos y comerciales que son particulares para cada proyecto y que han sido definidos previamente por el adquirente.

Se define como oferente o proponente a toda persona o entidad que cumpliendo los requisitos establecidos por el adquirente o por el pliego de licitación, presenta en tiempo y forma la oferta o propuesta al concurso de precios.

A continuación, se analizan en detalle cada una de las etapas a completar para la elaboración de una propuesta.

**Listado indicativo de tareas**

La siguiente figura muestra las principales etapas a completar por el estimador en la preparación de una oferta.

En los capítulos que siguen, se analizan cada uno de los pasos a cumplir en la preparación del presupuesto de obra.

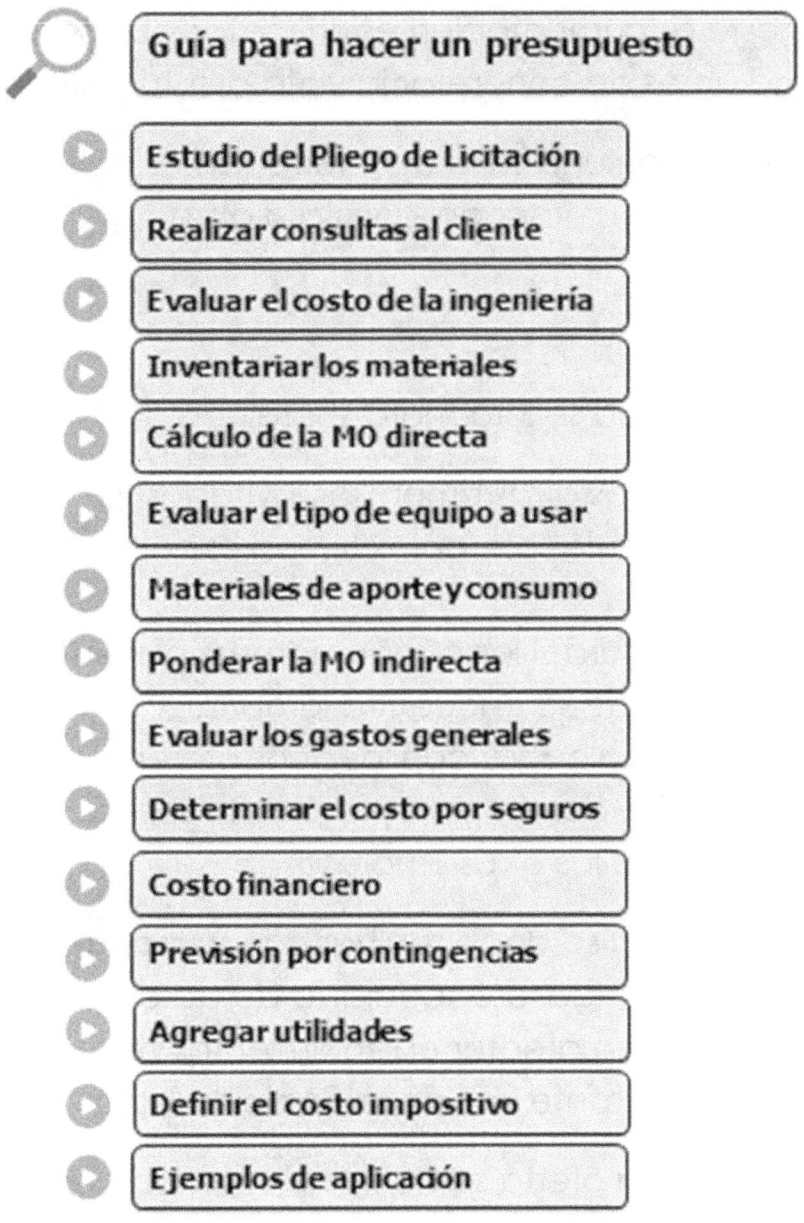

# Estudio del pliego de licitación

Los estimadores de costos y presupuestos de la empresa oferente son los encargados de revisar en detalle toda la documentación anexa que le envía el adquirente en su invitación a ofertar.

El estudio de esta documentación es crítico y debe ser examinado en su totalidad antes de concretar la visita al futuro sitio de obra.

De este estudio surgen una serie de interrogantes que deben quedar resueltos o a plantear en la visita a obra.

# Visita a Obra

En la visita a Obra usted se informará sobre:

- Los nombres de las otras empresas invitadas. Con este dato podrá averiguar si los oferentes tienen experiencia en obras similares.
- Además, investigará si las otras empresas oferentes tienen base en la región donde se encuentra la obra.
- También usted dialogará con los otros oferentes y podrá reunir más información, como, por ejemplo: cuál es su carga de trabajo actual de las otras Empresas.

La visita al sitio de obra se debe realizar con **personal experimentado** que tenga la capacidad de detectar cada uno de los detalles que pueden afectar el rendimientos del personal y los recursos a emplear durante la ejecución del trabajo.

Se destaca que con la oferta se debe adjuntar un certificado donde conste que el ofertante realizó la visita al lugar de obra. La falta de presentación de este certificado dará lugar al rechazo de la oferta del proponente.

*Otros aspectos a examinar en la visita a obra, se resumen en el siguiente esquema.*

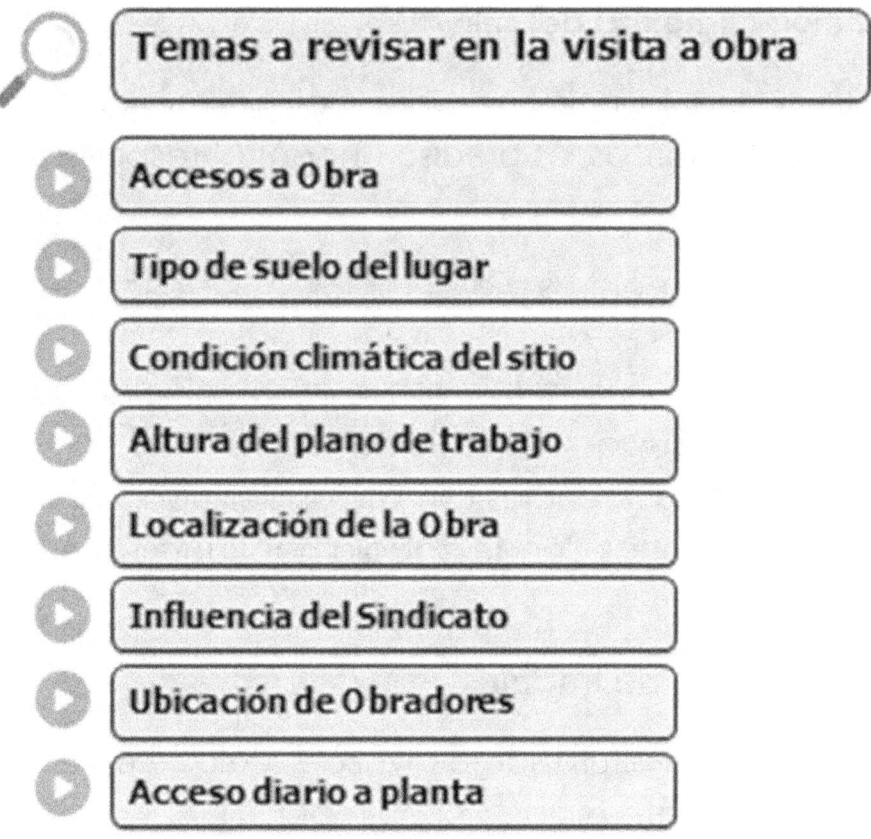

**Pasamos a analizar cada ítem del Esquema anterior:**

### Ítem: Accesos a obra

Se debe definir en este ítem:

- ¿Qué distancia tendrá que recorrer el personal del proyecto desde la zona donde se hospeda hasta la obra?
- ¿Los caminos de acceso son transitables y están adecuadamente mantenidos?

### Ítem: Tipo de suelo del lugar

- ¿Cuáles son las características del tipo de suelo en el sitio de obra?
- ¿Es bajo o fangoso y difícil de drenar o es alto y seco?

- ¿A qué altura esta la cota de la napa de agua, esta cota es estable o variable según la estación del año?

### Ítem: Condición climática del sitio

A efectos de evaluar la incidencia del factor climático en los rendimientos de las tareas, es preciso encontrar respuesta a las siguientes preguntas:

- ¿Cuáles son los registros meteorológicos históricos en el lugar de obra?
- ¿El período en el que se ejecuta la obra coincide con la temporada de lluvias, vientos o nevadas?
- ¿Cuáles son las diferencias climáticas del lugar de obra con respecto a las zonas donde trabaja habitualmente el personal del ofertante?

### Ítem: Altura del plano de trabajo

Se debe revisar a qué altura sobre nivel de suelo se ejecutará cada trabajo para luego determinar, por ejemplo:

- ¿En cuánto se incrementan los tiempos de ejecución, por el manipuleo de materiales, el movimiento de los equipos y de personal para acceder al plano de trabajo?
- Definir si se deben adicionar horas por armado de andamios.

### Ítem: Localización de la obra

Cuando la obra se ejecuta dentro de una planta en operación es necesario ajustar los rendimientos.

La reforma o ampliación de una planta en operación, implica ingresar y trabajar en el predio de una planta en funcionamiento, por lo tanto, cada actividad a desarrollar en el sector se debe consensuar con el comitente.

*Lo anterior provoca tardanzas y por lo tanto desvíos en los rendimientos.*

Los tiempos para realizar una tarea varían con las características de la planta en operación.

No es lo mismo trabajar dentro de una refinería de petróleo que tiene sectores con riesgo de incendio o explosión, que trabajar en una planta de procesos químicos con bajos riesgos.

**Al ejecutarse ampliaciones o reformas en plantas en operación el estimador debe evaluar:**

- La cantidad y tipo de empalmes a ejecutar entre líneas de cañerías nuevas y existentes.
- Que tan trabajosa se estima que será la coordinación de tareas con el comitente.
- Que demora puede ocasionar la confección de los permisos de trabajo diarios, etc.

**Influencia del sindicato**

Evaluar cuál es el comportamiento histórico del sindicato del lugar.

Averiguar, por ejemplo, cuál es el número de personas que el Contratista debe emplear según el convenio sindical, de la bolsa de trabajo del sindicato.

**Otros aspectos a considerar**

¿El proyecto tiene un plazo de obra muy exigente?

Si la respuesta es afirmativa, probablemente sea necesario trabajar en horarios nocturnos (esto implica: mayor costo de la hora, menores rendimientos laborales, mayores costos indirectos, etc.).

Observar cuales son los lugares previstos para la ubicación de obradores, materiales y equipos a fin de definir a que distancia del sitio de ejecución de la obra se encuentran.

¿El detalle de la ingeniería preliminar para cotizar es suficiente o es necesario iniciar una ronda de consultas?

Investigar sobre si hay disponibilidad de subcontratistas, personal experimentado o ayudantes en poblaciones cercanas al lugar de la obra.

*Para cumplir todas estas tareas es fundamental leer detenidamente el pliego y la documentación entregada por el adquirente antes de concretar la visita de obra.*

## Realizar consultas al cliente

En este capítulo, se detallan y analizan los interrogantes que se resuelven mediante las consultas realizadas al adquirente.
La constancia de visita a la obra y las respuestas del adquirente a las consultas de los proponentes son vinculantes y se consideran parte integral de la oferta.

En la práctica, el adquirente establece un canal de comunicación con los oferentes durante un periodo específico para responder a las consultas planteadas durante el proceso de cotización.

Los proponentes podrán, por lo general, presentar sus consultas por medios electrónicos, pero deberán confirmarlas por escrito en formato papel y firmadas por personal autorizado.

Las preguntas y sus respuestas se envían simultáneamente a todas las sociedades oferentes en forma de circular.
Estas respuestas se incorporan a los documentos de licitación.

Dos o tres días antes del cierre de la presentación de ofertas, se considera que todos los oferentes están al tanto de todas las modificaciones, disposiciones, circulares y respuestas emitidas hasta ese momento.

En última instancia, es responsabilidad del oferente acudir a las oficinas del adquirente para solicitar una copia de todas las consultas y sus respuestas, o acceder a la página web del adquirente para conocer todos los actos dictados antes de presentar su oferta.

# Evaluar el costo de la ingeniería

La ingeniería en un proyecto de construcción de una planta industrial comprende tres fases principales: ingeniería conceptual, ingeniería básica e ingeniería de detalle.

Cabe señalar que, en el caso de la construcción de plantas industriales, la ingeniería conceptual y básica normalmente es subcontratada a terceros o realizada por personal propio de la empresa antes del inicio del proceso de licitación.

En cualquier caso, y a modo ilustrativo, a continuación, se detallan sus características.

**Ingeniería Conceptual:**

La Ingeniería Conceptual define y analiza el proyecto para determinar su viabilidad técnica y económica.

A continuación, y con los datos precedentes en su mano, el cliente decide si continúa con la ingeniería básica del proyecto o lo cancela por baja rentabilidad.

**Ingeniería básica**

**Ingeniería Básica, objetivo:** La ingeniería básica define los lineamientos generales e ideas básicas del proyecto.

Estas ideas y definiciones del proyecto son los pilares en que se basa la ingeniería de detalle para la ejecución de los planos constructivos

La Ingeniería Básica de un proyecto puede tener un costo importante en relación al costo de construcción.

En algunos casos, el costo de la Ingeniería Básica puede igualar o exceder el valor del costo de construcción del proyecto.

Lo anterior sucede con las Ingeniería Básicas especialmente formuladas para ejecutar procesos de transformación en industrias como la petroquímica y la minera, o por la compra de Ingenierías bajo patente.

En algunas oportunidades se cotiza la ingeniería básica de un proyecto junto con su construcción.

Se destaca que el precio que tiene este tipo de ingeniería es significativo con respecto al costo de construir, y en algunos casos, puede llegar a igualar o superar el valor del costo de construcción del proyecto.

*La ingeniería básica, por ejemplo, tiene un valor elevado cuando:*

Se trata de una ingeniería básica con tecnología patentada y especialmente formulada para ejecutar un proceso de transformación en la industria petroquímica, minera, etc.

En general estos paquetes de ingeniería básica incluyen:

- -Diagramas de flujo de proceso.
- -Balances de materiales.
- -Diagramas de cañerías e instrumentación.
- -Hojas de datos de equipos e instrumentos.

- -Requisitos de consumo de productos químicos.
- -Resúmenes de efluentes.

**Ejemplos de ingeniería básica**

- -La ingeniería básica para separar y sanear los efluentes industriales de una refinería de petróleo reciclando los hidrocarburos que estos contienen.
- -La ingeniería básica para convertir el querosene en nafta de aviación.
- -La ingeniería básica para transformar el mineral de hierro en acero por reducción directa del mineral de hierro, etc.

En otras palabras, la idea, el concepto, la técnica, la creación supera en última instancia al costo de la acción de construir.

En cualquier caso, cuando el profesional o la empresa que vende la ingeniería básica lo acepta, el cliente adquiere primero el diseño o la ingeniería básica que se adecua a sus requerimientos y luego licita la ingeniería de detalle y la construcción de la obra por separado.

En estos casos, el valor del diseño o de la ingeniería básica lo establece quien lo vende.

**Ingeniería de detalle**

**Objetivo:** Elaborar los planos y documentos detallados necesarios para llevar a cabo la construcción y la puesta en marcha del proyecto.

La ingeniería de detalle incluye los planos de fabricación y/o construcción, las memorias de cálculo, especificaciones técnicas, hojas de datos, planos conforme a obra, etc., y tiene un costo que varía según el tipo de proyecto.

Para estimar el costo de esta Ingeniería, no sólo es necesario considerar las horas de los especialistas, diseñadores, dibujantes, materiales, etc., sino que también es necesario tener en cuenta entre otros temas a los siguientes:

Conocer cuál es el grado de exigencia del cliente en cuanto a requerimiento de calidad, nivel de detalle, plazos de entrega y tiempos de revisión de toda la documentación que compone la ingeniería de detalle.

Con respecto a lo indicado en el párrafo anterior se destaca, que el costo de la ingeniería se incrementa cuando el tiempo estipulado por el cliente para revisar cada plano y devolverlo con o sin observaciones es superior al usual.

En algunos proyectos, especialmente en los casos de ampliaciones o reparaciones, se producen interferencias con las instalaciones existentes y éstas deben ser resueltas con un mayor gasto de horas.

**Ante este tipo de situaciones**, el costo de la ingeniería de detalle, en general, se obtiene por comparación con obras similares.

En licitaciones en las que la ingeniería de detalle no tiene complicaciones, basta con considerar las horas de los especialistas, proyectistas, dibujantes, etc.

En otras ocasiones, el cliente entrega parte o la totalidad de la ingeniería de detalle junto al pedido de cotización.

En general, salvo el caso de grandes emprendimientos, el adquirente requiere que la constructora ejecute la ingeniería de detalle parcialmente o de manera completa.

## Inventariar los materiales

**En esta publicación el término materiales incluye a:**

- **Materiales semi-elaborados:** Son aquellos que sirven como base para la siguiente fase de fabricación, como los perfiles metálicos utilizados para construir una estructura.
- **Materiales adquiridos por catálogo:** Son aquellos que se compran generalmente mediante un catálogo, facilitando su selección y adquisición.
- **Materiales elaborados:** Incluyen equipos y recipientes que se ensamblan dentro de los componentes ya fabricados, completando así el producto final.

Aquí el presupuestista debe identificar cada tipo de material y proceder a computarlos, pedir sus precios, plazos de entrega y condiciones de pago.

La tarea anterior debe completarse en un lapso acotado de tiempo que permita disponer de la información en la etapa adecuada para ser incorporados a la oferta.

Las especificaciones de los materiales requeridos se definen en los documentos de licitación.

En caso de duda, los proponentes tienen la posibilidad de formular consultas y solicitar aclaraciones al adquirente, hasta una cierta cantidad de días hábiles antes de la presentación de las propuestas.

Las respuestas escritas del contratante a las consultas y solicitudes por aclaraciones se notifican, como ya dijimos, por igual a todos las proponentes y pasan a formar parte de los documentos de la licitación.

## Cómputo de materiales

En esta fase es necesario remarcar la importancia de ejecutar un cómputo preciso de los materiales requeridos.

**CUIDADO** una equivocación en el cómputo de un material muy caro, magnifica el error a valores significativos.

## Costo de materiales

A medida que se va completando el proceso de identificación y el cómputo de los materiales se inicia la acción comercial de conseguir la cotización de cada material, sus plazos de entrega y sus condiciones de pago.

## Planilla de cotización

Una práctica común y efectiva para elaborar la cotización, es dividir el proyecto en categorías, subcategorías e ítems. Cada ítem agrupa a los materiales y la mano de obra necesaria para ejecutar una tarea específica.

## Ejemplos de categorías

Categoría de obras civiles, categoría de cañerías y equipos, categoría de obras eléctricas, categoría de instrumentación y control, categoría de pre-comisionados y comisionados.

Los especialistas de cada categoría dividirán cada una de ellas en subcategorías y éstas a su vez, en diferentes ítems y subtemas.

Ejemplos:

## A- Categoría obras civiles.

A-1-Subcategoría: Base de hormigón armado.

- -A-1-1 Ítem: Excavación y preparación del suelo resistente.
- -A-1-2 Ítem: Corte, doblado y armado de la armadura.
- -A-1-3 Ítem: Construcción y montaje del encofrado.
- -A-1-5 Ítem: Colado de hormigón.
- -A-1-6 Ítem: Desmontaje y limpieza de encofrados.

## B- Categoría cañerías y equipos

B-1 Subcategoría: Cañerías aéreas.

- -B-1-1 Ítem: Identificación de materiales y construcción de prefabricados.
- -B-1-2 Ítem: Prueba hidráulica de los prefabricados.
- -B-1-3 Ítem: Pintura y traslado de prefabricados.
- -B-1-4 Ítem: Montaje de prefabricados, soportes y secciones de ajuste.
- -B-1-5 Ítem: Prueba hidráulica final y retoque de pintura.

## C- Categoría eléctrica

C-1. Subcategoría: Colocación de conductos enterrados.

- -C-1-1. Ítem: Excavaciones.
- -C-1-2. Ítem: Montaje y fijación de conduits.
- -C-1-3. Ítem: Colado de hormigón pobre.
- -C-1-4. Ítem: Montaje de cables y su identificación según las especificaciones técnicas.

Una vez dividido el proyecto en categorías, subcategorías e ítems, en cada una de ellas se debe registrar lo siguiente:

- -El plano o la documentación con que se examina el ítem.
- -El material computado y su especificación.
- -La unidad de medida empleada y los datos de cada proveedor.
- -El costo unitario de cada material que proviene de la suma de:
- -El costo unitario del material en el local del proveedor.
- -El desperdicio por unidad.
- -El costo de su traslado al sitio de obra.

En estas hojas de cálculo también se registra el consumo de las horas requeridas por las cuadrillas para ejecutar cada actividad por unidad de medida.

En la siguiente figura se observa una planilla típica para registro y valoración de tareas.

En la ilustración, se resalta con un recuadro rojo la parte de inventario y costo directo de los materiales.

Cuadro para registro de inventario y costo de materiales del proyecto que llamamos: **XXX**

PROYECTO: **XXX**
PLANILLA: Costo de material y mano de obra directa por ítem
CATEGORÍA: A | Obra civil
SUBCATEGORÍA: A-1 | Base de hormigón
ítem: A-1-5 | Colado de hormigón

| | | | | | | | | | A Costo unitario total del material puesto en obra, sin materiales indirectos |
|---|---|---|---|---|---|---|---|---|---|

En esta parte del excel se muestra, a modo de ejemplo, como registrar el inventario y el costo directo de los materiales

| Ítem | Plano de referencia | Fecha y firma del supervisor | Identificación del material | Unidad de medida | Datos del proveedor | Costo del material por unidad | Costo del desperdicio por unidad | Costo de transporte del material al sitio de obra por unidad | A Costo unitario total del material puesto en obra, sin materiales indirectos |
|---|---|---|---|---|---|---|---|---|---|
| | | | | | | | | | |

| Consumo en horas para una cuadrilla típica, registro obtenido de las tablas de rendimiento | Cantidad y especialidad de los trabajadores que componen la cuadrilla | Costo actual por hora de la cuadrilla | B Costo directo de mano de obra por unidad | A + B = C Costo de material y mano de obra por unidad | D Cantidad total de material del ítem | C * D = E Costo Directo Total |
|---|---|---|---|---|---|---|
| | | | | | | |

En esta parte de la planilla se registra el consumo de horas hombre por cuadrilla y por unidad de medida para cada aactividad

**Herramientas para ejecutar esta estimación**

La herramienta de trabajo más utilizada para esta tarea es el programa Excel de Microsoft, ya que permite utilizar fórmulas y plantillas prediseñadas que ahorran trabajo.

El formato de la hoja de cálculo de Excel se construye una sola vez y luego esta plantilla se utiliza para otros trabajos, adaptándola a cada proyecto en particular.

Excel también permite cambiar cualquier cálculo o costo rápidamente.

Si se quiere ahorrar aún más tiempo y evitar el error humano en la captura de los datos, es conveniente utilizar algún software para inventariar los datos de forma automática, por ejemplo, desde Auto CAD.

La ventaja de utilizar aplicaciones y herramientas ya integradas es que en cada modificación se actualizan todos los datos sin necesidad de volver a capturar toda la información.

## Cálculo de las horas hombre directas

Para garantizar una estimación precisa de las horas-hombre necesarias en la ejecución de una obra, es fundamental que los miembros clave del equipo de estimadores y consultores cuenten con una amplia experiencia, habilidades y atención al detalle.

Deben ser capaces de definir una secuencia lógica para cada etapa de construcción o montaje incluida en la oferta.

Además, disponer de registros detallados de los tiempos de trabajo históricos para cada actividad es esencial para asegurar una estimación final confiable y precisa.

**Tablas con rendimientos de horas hombre**

El proceso de medir el consumo de horas-hombre, o fracciones de estas, necesarias para realizar una tarea también implica definir las condiciones de trabajo en las cuales se llevará a cabo la medición.

Esto asegura que la medición pueda ser corroborada mediante su repetición.

**A estas condiciones de trabajo se les denomina condiciones estándar.**

Las horas-hombre totales calculadas a partir de los registros en las tablas son válidas únicamente si el proyecto se ejecuta en condiciones similares a las existentes en el momento en que se realizaron las mediciones de rendimiento.

Dado que cada proyecto es único, el total de horas resultante del cálculo matemático debe ajustarse mediante factores que consideren la influencia de las condiciones particulares de cada proyecto.

**Resumiendo:**

Los estimadores deben contar con registros confiables sobre el consumo de horas-hombre necesario para completar cada actividad bajo condiciones estándar.

Conociendo el número y tipo de tareas del proyecto, se puede calcular matemáticamente el total de horas-hombre utilizando los rendimientos indicados en las tablas correspondientes.

Para ello, los estimadores o sus asesores deben tener información completa sobre las condiciones en las que se ejecutará cada proyecto. Esta información se obtiene de:

- La documentación del pliego.
- La información obtenida en la visita a obra.
- Las consultas realizadas al adquirente.

El siguiente paso es definir los factores de corrección que se aplicarán al total de horas-hombre calculado matemáticamente. Tras estimar las horas-hombre directas requeridas para cada especialidad y con los datos de la duración de la obra, se estima el número y especialidad de trabajadores necesarios.

En definitiva, el presupuestista se apoya en los planos, el cómputo de materiales, las tablas con registros de rendimientos históricos, y especialmente en su experiencia y en el aporte de asesores o especialistas.

En cuanto al costo por hora de los trabajadores, en general, las empresas ya tienen establecido el costo de la hora-hombre para cada persona, incluyendo su vestimenta, elementos de seguridad y, si corresponde, su caja de herramientas.

### Incremento de costos por horas extras

Trabajar horas extras produce un aumento significativo en el costo de la hora hombre del trabajador, que debe ser contemplado en la estimación.

Trabajar horas extras gratifica al trabajador, pero hay que señalar que pagar la hora con un sobreprecio del 50% no provoca un aumento del rendimiento del obrero en un 50%., por el contrario, la extensión desmedida de la jornada de trabajo tiene la consecuencia de disminuir el rendimiento del obrero.

El desvío entre costo hora versus rendimiento es aún más notable cuando se paga la hora con sobreprecios del 100%.

A pesar de lo indicado, las empresas de construcción y montaje industrial trabajan habitualmente en sus obras más de 8 horas diarias de lunes a sábado y en ocasiones también con todo o parte de su personal los domingos y días festivos.

Se destaca que el empresario planifica ejecutar las obras con jornada laboral extendida fundamentalmente por dos razones:

1- Para ofrecer una compensación salarial atractiva al obrero, teniendo en cuenta que éste solo tiene asegurada su continuidad laboral para esa obra y que además el sitio de obra frecuentemente está alejado de su hogar.

2- Para equilibrar la disminución de los tiempos efectivos de trabajo de cada jornada por cuestiones operativas como, por ejemplo:

- Contrarrestar los tiempos perdidos por movilización y desmovilización diaria del obrero con sus herramientas desde el obrador al sitio de obra, que, por ejemplo, puede estar alejado del obrador, en altura, etc.
- Compensar los tiempos muertos que se producen hasta la aprobación de los permisos de trabajo, que habilita al Contratista a iniciar sus tareas, etc.

**Otras situaciones que propician la extensión de la jornada laboral:**

- Obras con plazos de ejecución muy cortos y con elevadas multas por incumplimiento.
- Obras por refacciones o ampliaciones de instalaciones existentes en sitios que se deben habilitar rápidamente (habitual en obras de arquitectura y civiles).
- Obras que se ejecutan durante los paros de planta, que deben terminarse en una fecha establecida (por ejemplo, paro anual de una refinería de petróleo)
- Obras que se ejecutan con personal especializado que no abunda en el mercado laboral, etc.

En resumen, el responsable de la estimación, debe **calcular la incidencia** del costo de la hora por recargos de horas extras y

**comunicárselo a su contador** para que este lo considere en sus cálculos.

### Legislación laboral

Cabe señalar que cada país tiene su propia legislación laboral, que define, entre otras cosas, las siguientes cuestiones:

- ¿Cuál es la cantidad de horas semanales pagadas como regulares o normales en el área de construcción y montaje?
- ¿Cuál es la cantidad máxima de horas extras autorizadas por día, mes y año?
- ¿Cuándo se pagan las horas extras al 50% y cuándo al 100%?

De todas formas, suelen ser los **convenios colectivos homologados de los sindicatos** los que, en última instancia, regulan cuántas horas se trabajan por semana y cómo se pagan las horas extras.

**Las condiciones establecidas por estos convenios siempre cumplen la condición de ser más favorables para el empleado que lo que indica la legislación nacional.**

### Cálculo hipotético de la incidencia de las horas extraordinarias

*Supuestos:*

- Se supone que en la región llamada **X**, el número máximo de horas normales por semana es de 40.
- Que la hora extra al 50% se paga en cada hora que exceda las 8 horas normales de lunes a viernes y las horas del sábado hasta la 1 p.m.
- Que las horas trabajadas los sábados después de la 1 p.m. y los domingos y días festivos se pagan al 100%.

Por lo tanto, si la jornada laboral comienza a las 8 de la mañana y se trabajan 10 horas de lunes a sábado **la incidencia** de las horas extras, sería:

## *Horas pagadas semanalmente*

1. Según los acuerdos laborales, la extensión normal de la semana laboral no excederá las 40 horas.

2. De lunes a viernes se trabajan 10 horas por día lo que da un total de 50 horas.
Esto supera en 10 horas a las 40 normales por lo que se pagan al 50%, es decir tenemos 15 horas convertidas a normales.

3. El sábado se trabajan 10 horas, de las cuales 5 se pagan hasta la 1pm con un recargo del 50% y las 5 horas restantes se deben pagar con un recargo del 100%, es decir, 17,5 horas convertidas a normal.

**Total, de horas pagadas**: (suma de los puntos 1 a 3), es igual a:
**40 + 15 + 17,5 = 72,5 horas**

## *Horas trabajadas por semana*

De lunes a sábado = 10 horas * 6 días, equivale a **60 horas** trabajadas.

### Incidencia de las horas extras

**Por las horas extras el salario del personal pasa a ser:
72.5/60 = 20.83% mayor.**

Este es un recargo muy importante a tener en cuenta y se le debe comunicar al contador de la empresa.

Al final del libro se desarrolla un ejemplo del cálculo del consumo de mano de obra directa para la ejecución de una obra de hormigón armado.

# Evaluar el tipo de equipo a usar

Para completar esta etapa el grupo de estimadores con el apoyo de especialistas debe definir el tipo de equipo requerido para el proyecto y luego establecer sus costos.

**Tipo de Equipo**

El término equipo incluye al conjunto de máquinas, herramientas, mobiliario y sus accesorios, vehículos, ordenadores, aparatos electrónicos, máquinas de oficina, etc., utilizados para la ejecución de una obra.

Para definir el tipo de equipamiento necesario para ejecutar un proyecto, se analiza y examina, por ejemplo:

- Los requerimientos del pliego y la documentación anexa.
- La información analizada en las fases anteriores sobre "Identificación y cómputo de Materiales" y "Cálculo de horas-hombre directas".
- Las descripciones proporcionadas por los especialistas sobre cómo se ejecutaría paso a paso el proyecto que se está cotizando.
- El plan de trabajo preliminar del proyecto, que define el tiempo de uso de las maquinarias, vehículos, etc.

El análisis previo define:

- El tipo y cantidad de vehículos para el traslado y movimiento interno diario, de los trabajadores y personal jerárquico (colectivos, camionetas 4×4 o 4×2, vehículos para los supervisores, etc.)
- El número y tipo de camiones para los servicios generales, (por ejemplo, los necesarios para el abastecimiento de agua potable, agua de riego y agua industrial, los vehículos para el transporte interno de materiales y maquinaria, etc.)

- El tipo de equipo pesado y ligero, grúas móviles, máquinas de soldar, moto-soldadoras, grupos generadores de corriente, etc., requeridos para ejecutar el proyecto.

**Costo horario de vehículos y maquinarias**

Para evaluar el costo por hora de vehículos y maquinarias, primeramente definimos:

### Vida útil de vehículos y maquinarias = Vu

La vida útil se define como el período durante el cual el equipo funciona con un rendimiento fiable y económicamente justificable.

El tiempo de vida útil de los equipos de trabajo se ve afectado por la severidad de las condiciones en las que se utilizan, el cuidado con el que se mantienen y reparan y por su obsolescencia tecnológica.

Generalmente, la vida útil se estima en horas de trabajo.

Para orientar al lector, presentamos los siguientes valores:

- Maquinaria de construcción ligera: 6.000 horas de trabajo total; 3 años de duración (por ejemplo, taladros, compresores, soldadoras etc.)
- Maquinaria pesada: 10.000 horas de trabajo total; 5 años de duración (por ejemplo, cargadores frontales, motoniveladoras etc.)
- Maquinaria ultra-pesada: 16.000 horas de trabajo total; 8 años de duración (por ejemplo, una planta de asfalto)

Para alcanzar los valores anteriores se han supuesto 2.000 horas de trabajo anual, cuantificación que se acerca bastante a la realidad.

### Valor de adquisición = Vad

El valor de adquisición es el precio de mercado del equipo.

Para cuantificar el valor de adquisición se deben tener en cuenta todos los gastos anexos a la adquisición del equipo.

Si el equipo es de fabricación extranjera, el valor de adquisición del equipo debe incluir el precio de la unidad colocada en el puerto de embarque (FOB), los gastos de embarque, flete y desembarco en el puerto de destino (CIF), derechos portuarios de almacenamiento, seguro de la mercancía en tránsito, otros gastos relacionados (como cartas de crédito, garantías, etc.), transporte al parque de maquinarias del propietario, etc.

**Valor neto del equipo = Vn**

$$Vn = \text{Valor neto} = V_{ad} - P_4 - P_e$$

Donde $P_4$ es el valor de las llantas y $P_e$ el valor de las piezas especiales o accesorias.

**Valor de reventa de la maquinaria y vehículos al final de su vida útil = Vrev**

El valor de rescate para maquinaria pesada (cargadoras, motoniveladoras, tractores, etc.) fluctúa generalmente entre el 20 y el 25% del valor de adquisición.

El valor de rescate para maquinaria y equipo ligero (compresores, mezcladoras, motobombas, soldadoras a motor, etc.) fluctúa generalmente entre el 10 y el 20% del valor de adquisición.

**Valor a depreciar = D**

La depreciación es la pérdida de valor del equipo como resultado de su uso o antigüedad.

Si se supone, como es habitual, que el equipo disminuirá de valor con respecto a su costo total original a una tasa uniforme, se está usando el método de depreciación en línea recta.

O sea, la depreciación por hora es el cociente entre el valor de adquisición menos el valor de reventa sobre la vida útil del equipo. La ecuación es:

$$D = [V_n - V_{rev}]/V_u$$

Valor promedio del equipo = **Vpm**

El valor promedio del Equipo, se toma como igual al valor neto del activo más su valor de reventa dividido en 2.

$$V_{pm} = [V_n + V_{rev}]/2$$

### Costo de mantenimiento y reparación

Un adecuado mantenimiento prolonga la vida económica útil de una máquina, los mantenimientos recomendados son el correctivo, el preventivo y el predictivo.

- -El costo de mantenimiento por reparación y repuestos se considera normalmente como un porcentaje del valor de amortización, según los siguientes valores:
- -Costo de mantenimiento para trabajo pesado: 80 a 100% del valor de la depreciación.
- -Costo de mantenimiento para trabajo normal: 70 a 90% del valor de la amortización.
- -Costo de mantenimiento para trabajo ligero: 50 a 80% del valor de la amortización.

**El costo de mano de obra y el costo de repuestos, se toman como un porcentaje del costo de mantenimiento de la maquinaria o vehículo durante su vida útil.**

El costo de la mano de obra representa el 25% del costo de mantenimiento.

El costo por repuestos representa el 75% del costo de mantenimiento.

## Costo por consumo de combustible

El consumo de combustible de los equipos de construcción está relacionado con:

- La potencia nominal del motor.
- El tipo de combustible que usa.
- El factor de operación de la máquina o equipo que varía según el régimen de carga que reciba el motor.
- Por el tipo de operación que la máquina desempeña.
- Por la habilidad del operador.
- Por el adelanto tecnológico del equipo, etc.

Habitualmente cada empresa registra el gasto de combustible de cada equipo, por ejemplo, durante un mes y luego divide esa cantidad en el tiempo de trabajo mensual de la maquinaria, obteniendo así el consumo horario de combustible del equipo.

## Costo por el consumo de llantas de la máquina como consecuencia de su uso = P4

La maquinaria pesada requiere llantas especiales para diversas aplicaciones de construcción.

El costo horario se obtiene dividiendo el precio de la llanta en la vida económica o útil de la llanta.

Las horas de vida de las llantas son generalmente datos proporcionados por el fabricante y dependen de la severidad del uso.

Al valor anterior se le suele agregar el monto por reparación de las llantas que se toma como un 15% de su depreciación.

### El costo horario del personal afectado

En el caso de un vehículo, será su conductor, en el caso de una planta de hormigón será el de su operador calificado más sus asistentes.

### El interés del capital invertido

Cualquier empresa que compre maquinaria financia los fondos necesarios en los bancos o en el mercado de capitales, pagando por ella los intereses correspondientes.

Puede darse el caso de que, si el empresario dispone de fondos propios suficientes, realice la inversión directamente a la espera de que la máquina se amortice en proporción a la inversión realizada.

En este caso se cobra una cantidad equivalente a los intereses del capital invertido en la maquinaria.

El interés del capital invertido por año se calcula como el valor promedio del equipo (valor neto más su valor residual dividido en 2) por la tasa de interés.

### Costo de seguros, impuestos y almacenamiento

Las primas de los seguros varían según el tipo de maquinaria y los riesgos que se deben cubrir durante su vida económica. Este cargo existe tanto en el caso de que la maquinaria esté asegurada con una compañía de seguros como en el caso de que el propietario se auto asegure.

El tipo de seguro a considerar es el de todo riesgo. El importe de este seguro tiene un costo aproximado del 5,5% del valor promedio del equipo.

Los impuestos se aplican a la propiedad adquirida. Su porcentaje debe calcularse según la legislación vigente y puede variar del orden del 1 al 2% del valor promedio del equipo.

En cuanto al almacenamiento, se refiere al costo que supone la permanencia de la maquinaria en los talleres centrales por inactividad.

Este costo se estima en el orden de 1 a 1,5% del valor promedio del equipo.

**Cuadro del costo de los Equipos**

En el cuadro siguiente se listan los ítems que conforman el costo horario de los equipos:

Aplicando el cuadro anterior tenemos que:

## *Los Costos fijos por hora incluyen:*

## Depreciación

Cargo por depreciación:

$$D = [V_n - V_{rev}/V_u]$$

## Interés del Capital Invertido

Interés medio de la inversión = **Im** a la tasa de interés anual **= i**

El cargo para sumar en el costo del equipo por el interés medio de la inversión es igual a:

Valor promedio del equipo por el interés anual, dividido en 2000 horas al año.

$$Im = \{[V_n + V_{rev}]/2 * 2000\} * i$$

## Costo de seguro, impuestos y almacenamiento

Los costos por seguro, impuestos y gastos de almacenamiento anuales son:

- Costo del seguro: 5,5% del valor promedio del equipo.
- Costo por impuestos: 1,5% del valor promedio del equipo.
- Costo por almacenamiento 1,5% al 2% del valor promedio del equipo.

Los costos por hora se obtienen dividiendo los montos en la cantidad de horas de trabajo anuales, o sea 2000 horas

## Mantenimiento y reparaciones de la maquinaria

Costos de mantenimiento por reparación y repuestos.

El costo por hora de mantenimiento por reparaciones y repuestos es igual a:

- Costo de mantenimiento para trabajo pesado: 80 a 100% del valor de amortización.
- Costo de mantenimiento para trabajo normal: 70 a 90% del valor de amortización.
- Costo de mantenimiento para trabajo liviano: 50 a 80% del valor de depreciación.

## *Los Costos de consumo abarcan*

### Combustibles

Habitualmente cada empresa registra el gasto de combustible, por ejemplo, durante un mes y luego divide ese dato en el tiempo de trabajo mensual de la maquinaria obteniendo de esa manera el consumo horario de combustible.

El costo horario por consumo de combustible es el producto del gasto por el precio del combustible.

### Lubricantes

El método correcto para averiguar el consumo por hora de cada uno de los aceites de un equipo consiste en registrar el consumo de aceite del motor, el hidráulico y el de transmisión en concepto de cambios y rellenos al final de cada mes y luego dividir cada dato en el tiempo de trabajo mensual de la maquinaria.

El costo por tomar por consumo de aceites se obtiene multiplicando el consumo horario de los aceites por su precio.

## Costo por consumo de llantas de la máquina o equipo como resultado de su uso.

El costo horario se obtiene dividiendo el precio de la llanta en la vida económica de la llanta.

## *Los Costos de operación comprenden:*

### Costo de mano de obra por operación

El costo del salario por hora del trabajador, más las cargas sociales multiplicado por el porcentaje de afectación es igual al costo horario del trabajador.

### Costo de mano de obra por vigilancia

El costo horario por vigilancia es igual a:

**10% del costo de la mano de obra**

## *Costo total*

Sumando los cargos anteriores llegamos a la estimación del **costo hora de cada máquina y/o vehículo a usar en el proyecto.**

## *Tipos de equipos y herramientas a utilizar en la obra*

Para llevar a cabo una obra de construcción y montaje industrial, se emplean diversas máquinas, vehículos y herramientas.
La cantidad y las características de estos equipos dependen del tipo de obra a ejecutar y del número de personas asignadas al proyecto.
A continuación, se presentan algunos de los equipos más comunes, a modo de ejemplo:

### Máquinas y Equipos:

- **Excavadoras**: Para excavación de terrenos y movimiento de grandes volúmenes de tierra.
- **Bulldozers**: Para nivelación y movimiento de tierra.

- **Retroexcavadoras**: Combinan excavadora y cargadora para múltiples tareas.
- **Grúas**: Para levantar y mover materiales pesados y equipos.
- **Carretillas elevadoras (forklifts)**: Para levantar y transportar materiales a corta distancia.
- **Generadores eléctricos**: Para suministro de energía en sitios sin acceso a electricidad.
- **Compresores de aire**: Para alimentar herramientas neumáticas y otros equipos.
- **Bombas de agua**: Para drenaje de aguas subterráneas o para otros usos en el sitio de construcción.
- **Mezcladoras de concreto**: Para la preparación de mezclas de concreto.
- **Máquinas de soldadura**: Para trabajos de unión de metales.
- **Equipos de oxicorte**: Para cortar metales.
- **Grupos electrógenos**: Para provisión de energía cuando no hay suministro eléctrico disponible.

## Vehículos:

- **Camiones de carga**: Para el transporte de materiales y equipos al sitio de obra.
- **Camiones mezcladores**: Para el transporte y mezcla de concreto.
- **Camiones grúas**: Para mover materiales pesados y equipos en el sitio.
- **Vehículos de mantenimiento**: Para reparación y mantenimiento de maquinaria y equipos.
- **Furgonetas y camionetas**: Para el transporte de personal y herramientas.

## Herramientas Manuales y Equipos Menores:

- **Martillos y mazos**: Para trabajos de impacto y ajuste de materiales.
- **Destornilladores**: Para fijar y desatar tornillos.
- **Alicates y pinzas**: Para manipular y ajustar componentes.
- **Llaves (fijas, ajustables y de tubo)**: Para apretar y aflojar tuercas y tornillos.
- **Serruchos y sierras**: Para cortar madera y otros materiales.
- **Niveles y plomadas**: Para garantizar la precisión y alineación en la construcción.
- **Cinta métrica y calibradores**: Para medir con precisión.
- **Taladros y brocas**: Para perforar agujeros en diversos materiales.
- **Cuchillos y cortadores**: Para cortar materiales como cableado, tuberías y maderas.
- **Amoladoras** de mano y banco.

**Equipo de Seguridad:**

- **Cascos de seguridad**: Para protección de la cabeza.
- **Guantes de protección**: Para proteger las manos.
- **Gafas de seguridad**: Para proteger los ojos de escombros y sustancias.
- **Protectores auditivos**: Para reducir el ruido excesivo.
- **Botas de seguridad**: Con puntera de acero para protección de los pies.
- **Arneses y líneas de vida**: Para trabajos en alturas.

Cada obra puede requerir equipos específicos dependiendo de la naturaleza del proyecto, el tipo de construcción y el alcance del montaje industrial.

En el final del manuscrito se desarrolla un [ejemplo de aplicación]().

# Valorar los materiales de consumo y aporte

Se entiende por material de consumo a todo el material auxiliar que se emplea para ejecutar una obra y que no queda incorporado en lo construido.

Por su parte el material de aporte es también un material auxiliar pero que si queda incorporado en lo que se construye.

Dentro del capítulo material de aporte y de consumo se incluyen a todos los materiales indirectos utilizados durante la ejecución de una obra.

**Materiales de consumo**

Los materiales de consumo son materiales auxiliares que se utilizan durante el proceso de construcción y montaje de un proyecto, pero como su nombre indica, se consumen y no se detectan en el proyecto terminado.

**Ejemplos de materiales de consumo:**

Materiales de consumo en la obra civil

Algunos estimadores cargan en el ítem material de consumo el costo por:

- Desperdicios de material de encofrados producidos en el corte, reutilización y manipulación de este.
- La utilización de elementos para el montaje y sujeción de los encofrados como clavos, varillas roscadas, distanciadores, grampas, etc.

**Precaución:** Los encofrados tienen un valor significativo dentro del costo del m3 de Hormigón y su costo de adquisición y montaje se carga como un costo directo.

**Herramientas perecederas**

-Por ejemplo, brocas, cortadores, hojas de sierra, escariadores de acero, discos de corte y desbaste, etc.

**Materiales de consumo en obras electromecánicas**

- Gases oxidantes como el acetileno y el oxígeno, usados en oxicorte.
- Gases de protección como el anhídrido carbónico, utilizado en el proceso de soldadura por cortocircuito y por transferencia globular.
- Mezcla binaria tradicional de argón y anhídrido carbónico, usados en el proceso de MIG/MAG y en soldaduras de electrodos tubulares con protección de gas.
- Mezclas de gases especiales. Para ser utilizado como atmósfera protectora en soldaduras MIG, TIG y en corte por plasma.
- El anhídrido carbónico y el nitrógeno utilizados como atmósfera inerte de protección o aislamiento, etc.
  **Discos de corte y desbaste:** Para cortar y desbastar metales.
- **Lubricantes y aceites:** Para el mantenimiento y operación de maquinaria y equipos (considerados en el costo hora de las maquinarias y vehículos)

Materiales de aporte

Los materiales de aporte incluyen cualquier material indirecto que se incorpore total o parcialmente al proyecto terminado.

**Ejemplos de materiales de aporte**

**En obra civil**

- El alambre para atar la armadura.
- **Geotextiles:** Para la estabilización de suelos y control de erosión.

- **Impermeabilizantes líquidos o membranas:** Para proteger estructuras de la humedad.
- Los separadores entre la pared del encofrado y el hierro de la armadura de refuerzo.
- Aditivos para la construcción, etc.

**En la obra electromecánica**

- Conectores y terminales eléctricos, cinta aislante, tornillos menores, adhesivos, etc.
- Metales de aporte para soldadura blanda y soldadura fuerte, materiales de relleno de la soldadura por arco eléctrico, etc.

**Atención:** En trabajos con una cantidad significativa de pulgadas de soldadura o con aceros aleados o especiales, el costo de estos materiales es importante.

Algunos de los materiales de aporte y consumo se costean como un porcentaje asociado al volumen de lo que se construye y otros de mayor costo unitario como los electrodos por su cantidad y calidad.

En la Tabla siguiente, se indica el peso de metal depositado por soldadura para diferentes tipos de juntas metálicas por metro lineal.

| Unión de soldadura | | | | | | |
|---|---|---|---|---|---|---|
| Espesor (E) mm | METAL DEPOSITADO (kg/ml) (acero) | | | | | |
| 3,2 | 0,045 | 0,098 | | | | |
| 6,4 | 0,177 | 0,190 | 0,380 | | 0,358 | |
| 9,5 | 0,396 | | 0,638 | | 0,605 | |
| 12,5 | 0,708 | | 1,168 | | 1,066 | |
| 16 | 1,103 | | 1,731 | | 1,707 | 1,089 |
| 19 | 1,592 | | 2,380 | 1,049 | 2,130 | 1,449 |
| 25 | 2,839 | | 3,987 | 2,578 | 3,554 | 2,322 |
| 32 | | | | 3,768 | | 3,380 |
| 37,5 | | | | 5,193 | | 4,648 |
| 51 | | | | 8,680 | | 7,736 |
| 63,5 | | | | 13,674 | | 11,617 |
| 76 | | | | 18,432 | | 16,253 |

En la tabla siguiente, se indican las cantidades de insumos necesarios para cada proceso de soldadura con el fin de depositar 100 kg de metal.

| Proceso | Consumibles cada 100 kg de metal depositado | | |
|---|---|---|---|
| | Electrodo (kg) | Fundente (kg) | Gas (m3) |
| Electrodo manual celulósico | 155 | - | - |
| Electrodo manual rutílico | 145-170 | - | - |
| Electrodo manual bajo hidrógeno | 160-170 | - | - |
| Mig (corto circuito) | 110 | - | 17-42 |
| Mig (spray) | 108 | - | 7-11 |
| Tubular c/protección | 122 | - | 4-20 |
| Tubular s/protección | 126 | - | - |
| Arco sumergido | 102 | - | - |

# Ponderar la mano de obra indirecta

La mano de obra que no está asignada de manera particular a una tarea o proceso específico se llama mano de obra indirecta.

La mano de obra indirecta en una obra se refiere al personal y los costos asociados que no participan directamente en la ejecución de las tareas de construcción y montaje, pero que son necesarios para apoyar y coordinar las operaciones.

En esta fase solo se considera la mano de obra indirecta del personal asignado exclusivamente al proyecto que se cotiza.

**Generalidades para la estimación de la mano de obra indirecta**

Es importante destacar que los costos del personal que opera los equipos de obra, como los maquinistas y conductores de vehículos, ya han sido contabilizados en la etapa de 'Costo del Equipo'.

De igual manera, los gastos relacionados con los insumos del personal clasificado como indirecto ya han sido considerados en la fase de 'Valorización de Materiales de Consumo'."

**Mano de obra indirecta de un proyecto**

Los costos de mano de obra indirecta agrupan los salarios pagados al personal que realiza tareas que no están directamente involucrados en la conversión activa de los materiales en productos terminados o en la prestación de servicios. Esto se grafica en el siguiente cuadro

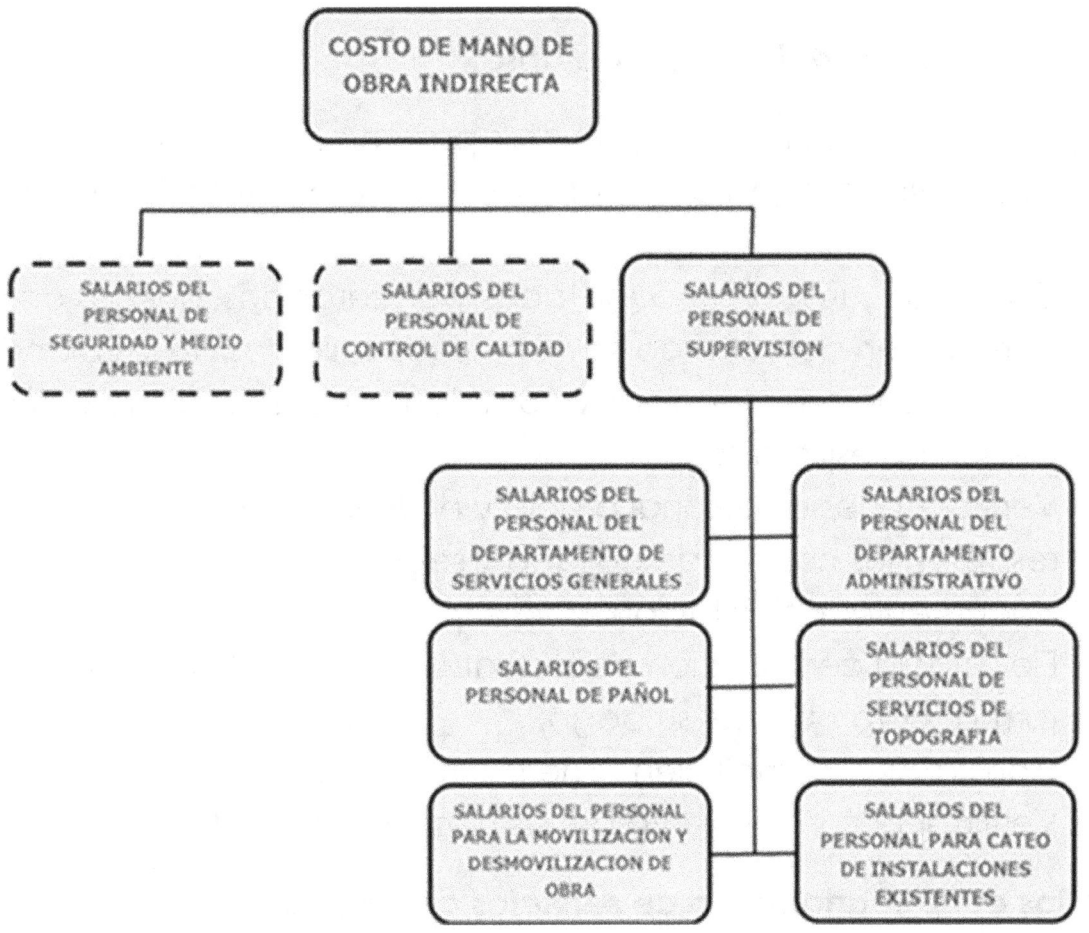

A modo de ejemplo, se describen algunos ítems a contemplar en la estimación de los costos de mano de obra indirecta en un proyecto:

## *Salarios del Personal de supervisión o apoyo*

El grupo de supervisión de obra está compuesto por la dirección de obra, capataces, encargados etc.

La dirección de obra está a cargo del director de obra que es la figura profesional encargada de la supervisión, seguimiento y control del proyecto.

Las tareas que desarrolla el director de obra son múltiples y dependiendo de la complejidad del proyecto, puede o no requerir la ayuda de un equipo multidisciplinario.

**Principales tareas del director de obra:**

- Revisar que los recursos previstos para ejecutar el proyecto sean suficientes para ejecutar el plan de obras en tiempo y forma.
- Controlar a través de capataces y encargados, que las obras se ejecuten de acuerdo con los requerimientos de los planos y especificaciones técnicas y cumplan con los rendimientos de ejecución esperados.
- Verificar que su personal propio y el de los subcontratistas respeten las normas de calidad y seguridad establecidas en los documentos de licitación.
- Ejecutar la certificación de los trabajos realizados, en tiempo y forma, para obtener su pago.
- Constatar el cumplimiento de los requisitos laborales vigentes.
- Verificar el cumplimiento de las normas ambientales, etc.

**Salarios del Departamento de servicios generales**

Este departamento se encarga de garantizar la prestación en tiempo y forma de los servicios básicos de cada obra, por ejemplo:

- Suministrar agua industrial de la calidad adecuada para uso sanitario, limpieza, hormigones, pruebas, etc. Este abastecimiento generalmente se logra a través de la perforación de pozos.
- Proveer el agua potable para consumo del personal, habitualmente esto se concreta a través de dispensadores de agua fría y caliente.
- Abastecer la energía eléctrica (si el cliente lo solicita en las especificaciones de licitación), por ejemplo, con grupos electrógenos propios o alquilados.
- Mantener los sanitarios para el personal, la mejor opción sigue siendo el baño químico con piletas para aseo.
- Ejecutar el mantenimiento del transporte del personal obrero desde el lugar de hospedaje hasta el sitio de la obra y viceversa.

Para el transporte del personal generalmente se utilizan minibuses con menos de dos años de uso y controladores de velocidad. Destacamos que la autorización para su funcionamiento es expedida por el departamento de seguridad.

- Mantenimiento del sistema de comunicaciones telefónicas y de Internet.

El personal de servicios generales también provee la mano de obra para el mantenimiento de los equipos y la provisión de combustibles y lubricantes.

Otra tarea a cumplir diariamente es el traslado hasta y desde el sitio de obra de todo el equipamiento de trabajo.

**Salarios del servicio de topografía**

El especialista en topografía y sus colaboradores son los encargados de asegurar el correcto posicionamiento y nivel de todos los elementos a construir o montar.

## Salarios del grupo de Pañoleros

Se encargan de la gestión de materiales de obra, materiales de aporte y consumo, repuestos, control de stock, pedido y protección de herramientas, emisión de informes etc.

## Salarios del Departamento administrativo

El departamento administrativo controla la documentación de ingreso del personal, la cantidad de horas trabajadas, la concreción de los pagos en las cuentas de salarios, las compras menores, etc.

## Grupos autónomos que no dependen de la dirección de obra

### *Salarios del Departamento de seguridad y medio ambiente*

El departamento de seguridad y medio ambiente es un grupo autónomo encargado de velar por la seguridad y la conservación del medio ambiente y que audita diariamente cada una de las tareas que se realizan en la obra a fin de prevenir incidentes y/o accidentes.

Las decisiones del departamento de seguridad son inapelables a la hora de decidir cuál es la acción segura para realizar un trabajo, por lo que la forma de realizar cualquier tarea debe contar con su aprobación.

### *Salarios del Departamento de control de calidad*

Este es otro departamento autónomo que se encarga de:

- La ejecución de ensayos y probetas en la obra civil.

- El control de la trazabilidad de las tuberías en cuanto a la certificación de los materiales y los ensayos END.
- El chequeo del cumplimiento de los requisitos técnicos indicados en las hojas de datos de: equipos, instrumentos, cuadros eléctricos y de cada material que entra a obra.

Este departamento es autónomo y depende de control de calidad de la oficina central de la empresa.

## *Ítems concretos a los que el estimador les asigna un costo definido.*

A modo de ejemplo, se enumeran y describen algunos de estos ítems.

### Montaje y desmontaje de obradores. Movilización y desmovilización de obra

Los gastos por montaje y desmontaje de obradores y los correspondientes a la movilización y desmovilización de obra, son ítems del cronograma del proyecto a los cuales el estimador les asigna costos definidos.

También se carga en esta fase la mano de obra indirecta a consumir en el obrador durante la obra en los servicios de limpieza, serenos, vigilancia diurna, mantenimiento, etc.

### Lay-out de un obrador típico

A modo de ilustración se muestra el lay-out de un obrador típico.

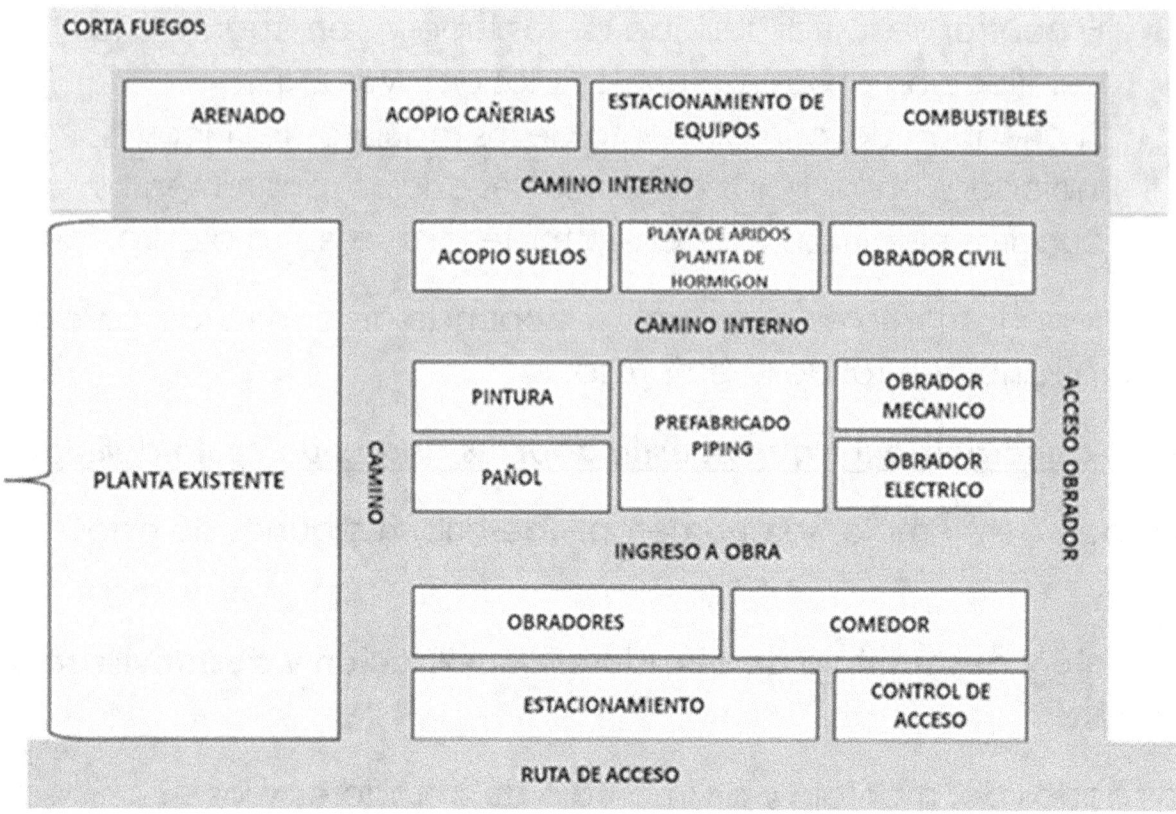

En el lay-out, se observa, por ejemplo, como disponer los diferentes sectores del obrador para lograr un uso racional del área.

La disposición del obrador habitualmente se acuerda a través de reuniones entre las partes interesadas, es decir, el cliente, la empresa contratista y los encargados de seguridad y medio ambiente.

Si se trata de una ampliación de la planta, también intervienen los operadores de planta.

En los sectores indicados como oficinas se encuentran los contenedores adecuadamente equipados para la empresa contratista y la inspección del cliente.

En general, las zonas de arenado y pintura están protegidas lateralmente para evitar contaminación.
El sector de prefabricados es un galpón que protege a los obreros de las inclemencias climáticas.

En la periferia del obrador, se dejan espacios perimetrales libres de materiales combustibles para protegerse de los incendios.

El personal de seguridad y medio ambiente es quién supervisa el mantenimiento del orden y la limpieza del sector de obradores.

## Cateo de instalaciones enterradas existentes

Otro elemento puntual en el cronograma del proyecto al que el estimador le asigna un valor definido es del gasto en que se incurre cuando es necesario localizar instalaciones enterradas preexistentes.

En general, es habitual que las construcciones preexistentes tengan defectos de señalización para con los elementos enterrados, esto ocurre con frecuencia para los cables de protección catódica, cables de puesta a tierra y tuberías de riego y en menor proporción para cañerías de proceso.

Cuando se va a ejecutar la ampliación o refacción de una planta y previo al inicio de las tareas en el campo, se debe revisar toda la información de la planta en funcionamiento para verificar la ubicación de las instalaciones enterradas existentes y así definir que interferencias se pueden producir.

Para liberar sectores donde hay sospechas de interferencia por la existencia de materiales enterrados mal señalizados, se realiza un zanjeo manual dispuesto en cuadrículas hasta la profundidad en la que se van a colocar los nuevos elementos.

Este zanjeo en lugares con riesgo de incendio o explosión es ejecutado con palas anti chispa.

También se usan detectores de metales, rastreadores digitales de corriente eléctrica etc., para averiguar la posición y profundidad de los obstáculos metálicos y cables de potencia y señal subterráneos.

Todos los registros de estas exploraciones se vuelcan a planos que firman las partes en señal de conformidad antes del comienzo de cualquier actividad soterrada en el sector.

## Evaluar los gastos generales

Los gastos generales son costos indirectos que permanecen constantes independientemente del nivel de producción de la empresa.

En este libro se examinan los gastos generales de las empresas constructoras y/o de montaje industrial que prestan servicios para la ejecución de:

- Nuevos proyectos industriales.
- Modificación y/o ampliación de instalaciones industriales existentes.
- Servicios de Ingeniería.
- Dirección de Obras.
- Servicios de inspección, etc.

**Cómo calcular los costos generales en proyectos de construcción**

El coste de gastos generales en Proyectos de Construcción, se refiere a costos actuales de la Empresa, que no están directamente relacionados con la ejecución de un proyecto de edificación o montaje industrial.

Identificar los costos generales no solo es importante a efectos presupuestarios, sino también para determinar cuánto debe cobrar una empresa por los gastos generales en sus nuevos proyectos a fin de obtener ganancias.

**¿De dónde provienen los gastos generales?**

Costo por gastos generales. Las empresas constructoras calculan los gastos generales de sus proyectos mediante la evaluación de los 4 ítems que se indican continuación:

**Primero, considere todos los salarios del personal técnico, administrativo y de mantenimiento (que no trabaja directamente para un proyecto de construcción).**

Ejemplos: se incluyen las horas indirectas de los departamentos de ingeniería, presupuestos, control de calidad, compras, ventas, administración, contabilidad, finanzas, jurídico, limpieza, seguridad, etc. de la empresa.

La imagen muestra un resumen elaborado por el autor respecto a gastos generales típicos de proyectos de construcción y/o montaje.

Cuadro resumen

**Luego, agregue los gastos relacionados con bienes muebles e inmuebles (que no pertenecen directamente a un proyecto de construcción)**

Ejemplos: este gasto cubre la adquisición y amortización de bienes muebles e inmuebles, el mantenimiento de dichos bienes, el arrendamiento de edificios, etc.

**Además, agregue gastos de oficina (que no corresponden a un proyecto de construcción)**

Ejemplos: gastos de compra de suministros, viajes, marketing, banca, facturas de teléfono, electricidad, gas, agua, internet, correos, etc.

**Finalmente, incluya impuestos, seguros y costos financieros (que no corresponden directamente a un proyecto de construcción)**

Impuestos: Esto incluye los impuestos a pagar incluso sin trabajar.

Seguros, Ejemplos: Incluye seguro de propiedad, cobertura de mantenimiento de propuesta, seguro de automóvil para socios y accionistas, etc.

Costos financieros, Ejemplos: Los gastos financieros son los costos en los que incurre una empresa por el uso del capital que le proporcionan terceros.

**Preguntas frecuentes:**

¿Cuál es el mejor método para estimar los gastos generales en una pequeña empresa constructora?

En primer lugar, basándonos en los 4 elementos enumerados anteriormente, podemos hacer una lista completa de nuestros costos generales durante un período.

El resultado nos da los gastos generales de la empresa constructora para ese proyecto.

¿Cómo se pueden asignar los gastos generales en un nuevo proyecto?

De acuerdo al tipo de trabajos realizados por el Contratista, podrán distribuirse de la siguiente manera:

- Asigne los gastos generales, en función de las horas de mano de obra directa asignadas a cada proyecto.
- Prorratee los gastos generales en relación con los costos de materiales de cada proyecto.
- Distribuya los gastos generales, según los metros cuadrados de cada proyecto.
- Reparta los gastos generales, según sean los costos directos incurridos en cada proyecto.

## Cuál es el porcentaje de gastos generales de una empresa constructora durante un período determinado.

Para obtener ese porcentaje de gastos generales, divida el total de los gastos generales, en las ventas totales para este período y multiplíquelo por 100.

## La fórmula de los costos generales en un período es:

$$[\text{Gastos Generales en un período} / \text{ingresos totales en ese período}] \times 100 = \%\ \text{Gastos Generales}$$

Este porcentaje es el que utiliza el estimador para asignar gastos generales a los nuevos presupuestos.

En promedio, los gastos generales de construcción pueden oscilar entre el 5 y el 15 por ciento de los costos directos.

Sin embargo, es importante tener en cuenta que el porcentaje de gastos generales reales puede variar significativamente entre diferentes empresas y proyectos de construcción.
Es fundamental que las empresas constructoras analicen y

gestionen cuidadosamente sus gastos generales para garantizar su rentabilidad y competitividad.

¿Cómo reducir los gastos generales?

**Reducir los gastos generales es un aspecto crucial para que los contratistas de la construcción sean competitivos y aumenten sus márgenes de beneficio.**

A continuación se presentan algunas formas específicas de lograr esto en la industria de la construcción.

**Primero: use el sentido común.** Si utilizamos el sentido común, podemos alcanzar un nivel óptimo de gastos generales.
Reducir los gastos generales a lo estrictamente necesario es un paso relevante para mantener la salud financiera de la empresa.

**Alquile su espacio para oficina.**
Al inicio de cualquier negocio, es recomendable trabajar con gastos generales mínimos, hasta que los ingresos justifiquen una inversión mayor.

**Análisis financiero periódico.**
Realizar análisis financieros periódicos para identificar áreas de altos costos generales e implementar estrategias de mejora.

**Oferta realista.**
Sea realista en su proceso de licitación para evitar subestimar los costos y enfrentar tensiones financieras durante el proyecto.

**Adopción de tecnología.**
Utilice software de gestión de la construcción y herramientas digitales para optimizar los procesos, reducir el papeleo y mejorar la comunicación.

**Productividad laboral.**
Supervise la productividad laboral e identifique áreas donde se

pueden realizar mejoras para completar las tareas de manera más eficiente.

### Formación de los empleados.

Asegúrese de que su personal esté bien capacitado y capacitado para reducir errores, retrabajos y accidentes. Los empleados bien capacitados trabajan de manera más eficiente.

### Gastos de oficina.

Busque formas de reducir los costos relacionados con la oficina, como el uso de papel, los gastos de impresión y los suministros de oficina.

### Evaluación comparativa.

Compare sus costos generales con los puntos de referencia de la industria para identificar áreas donde sus costos pueden ser más altos que el promedio y tome medidas para mejorar esos aspectos.

Al implementar estas estrategias y revisar periódicamente sus gastos generales, los contratistas de la construcción pueden optimizar sus operaciones, mejorar la rentabilidad y seguir siendo competitivos en la industria.

### Nota

Algunas empresas de construcción que utilizan maquinaria pesada bajan la cantidad asignada a gastos generales en un presupuesto a fin de presentar una oferta más competitiva.

Lo anterior se logra, por ejemplo, reduciendo el costo asignado a la depreciación en las máquinas pesadas a utilizar en el proyecto.

## Determinar el costo por seguros

Los costos financieros estimados en una propuesta económica incluyen el costo del seguro y el costo financiero real.

**En este capítulo, analizaremos los tipos de Seguro.**

Requisitos de seguro para la oferta/Tipos de seguro de construcción

**1. Definir qué tipos de cobertura requiere el cliente**

Los documentos de licitación establecen el tipo de seguro requerido por el cliente, la cobertura y los montos asegurados. El tipo de seguro a incluir en la propuesta se divide en garantías de licitación y garantías necesarias para la ejecución del contrato.

Debemos asegurarnos de que no falte ningún otro seguro exigido por la legislación laboral vigente.

La mayor parte de los tipos de seguro requeridos en el sector de la construcción se resume en el siguiente gráfico:

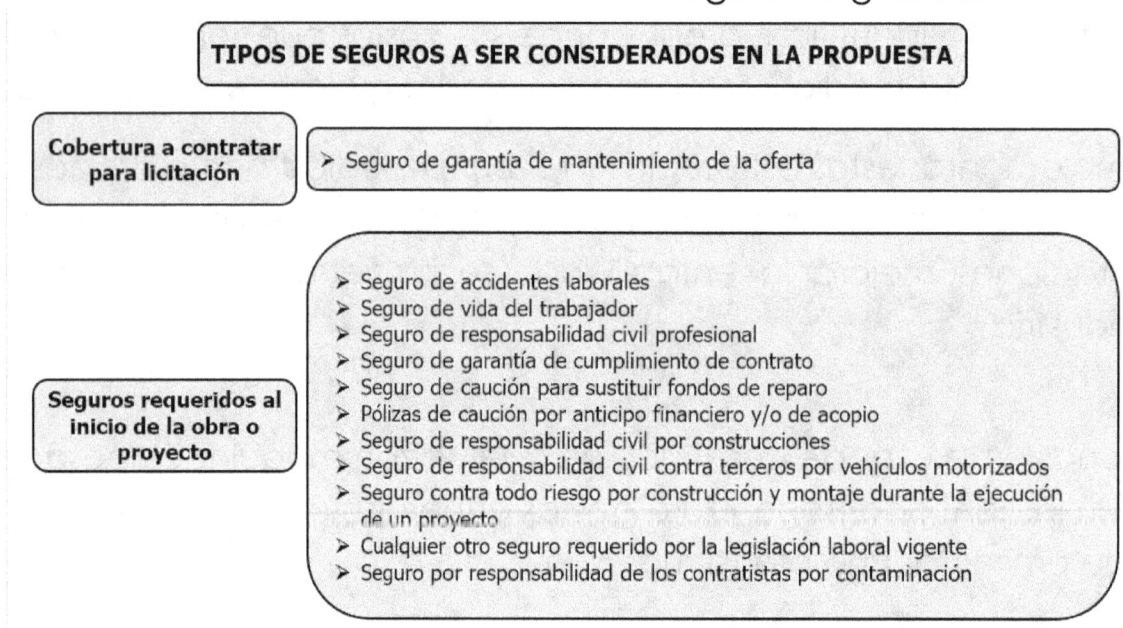

**2. Confirmar qué compañías de seguros son las aceptadas por el cliente.**

En la mayoría de los casos, en los documentos de licitación, el comprador enumera cuales son las aseguradoras autorizadas.

Si la información no está incluida en los documentos de licitación, hay que presentar una solicitud por escrito al cliente, preguntándole cuáles son las compañías aceptadas.

### 3. Solicitud de cotización a las aseguradoras autorizadas

Después de definir todo lo anterior, el último paso es pedir cotizaciones a varias compañías de seguros para elegir la más conveniente.

Para la elección de la Compañía de Seguros no solo se debe evaluar el precio, sino también que la cobertura incluya todos los riesgos a cubrir.

Para ello es conveniente buscar el asesoramiento de un gestor de riesgos y un consultor de seguros.

**Preguntas frecuentes:**

**¿Qué es la Póliza/Cobertura/Prima?**

Póliza: La póliza es el documento que da validez al contrato de seguro entre el asegurado y el asegurador. Establece los requisitos, derechos y obligaciones de las partes involucradas.

Cobertura: La cobertura del seguro es el compromiso que asume el asegurador de pagar una indemnización al asegurado (o a sus beneficiarios), para reparar las consecuencias de un siniestro.

Cabe señalar que la cobertura tiene un límite conocido como capital asegurado.

Prima: La prima de seguro es el precio de los seguros, es decir, la cantidad de dinero que el asegurado paga periódicamente a la compañía aseguradora por la cobertura que recibe por el riesgo asegurado.

El pago de la prima dentro del plazo señalado obliga al asegurador a cumplir con la prestación pactada con el asegurado.

**¿Qué es una fianza de oferta?**

En una licitación, una "garantía de oferta" (también conocida como fianza de licitación o bid bond en inglés) es una garantía financiera que un licitante proporciona al convocante de la licitación para demostrar su compromiso y seriedad al participar en el proceso. Esta garantía sirve como un tipo de seguro para el convocante y tiene varios propósitos importantes:

1. **Compromiso Serio:** Asegura que el licitante está comprometido con su oferta y tiene la intención de cumplir con los términos y condiciones del contrato si se le adjudica.

2. **Protección Financiera:** Si un licitante gana la licitación pero luego no cumple con la firma del contrato o no presenta las garantías adicionales requeridas (como una garantía de cumplimiento), la garantía de oferta puede ser ejecutada. En ese caso, la cantidad de la garantía se retiene como compensación por los daños y costos incurridos por la entidad convocante.

3. **Prevención de Ofertas Irresponsables:** Disuade a las empresas de presentar ofertas frívolas o irresponsables, ya que tienen un compromiso financiero en juego.

La garantía de oferta generalmente es un porcentaje del valor estimado del contrato y debe presentarse junto con la propuesta de licitación. Si el licitante no cumple con sus obligaciones, la entidad convocante puede hacer efectiva la garantía para cubrir los daños o costos adicionales que pueda tener que asumir.

El oferente asigna el costo de estas pólizas a sus gastos generales.

**Seguros exigidos a contratistas: Seguro de accidentes de trabajo.**

Definiciones de seguro contra accidentes laborales.

El seguro contra accidentes laborales, también conocido como seguro de compensación laboral, es un tipo de cobertura de seguro que brinda protección financiera a los empleados que sufren lesiones o enfermedades debido a su trabajo.

Está diseñado para garantizar que los empleados reciban el tratamiento médico necesario y beneficios de reemplazo salarial, al mismo tiempo que protege a los empleadores de demandas relacionadas con lesiones en el lugar de trabajo.

A continuación se detallan algunos puntos clave sobre el seguro de accidentes laborales:

**Cobertura:** El seguro de accidentes laborales cubre a los empleados por lesiones o enfermedades que ocurren durante su empleo.

Por lo general, el seguro, incluye accidentes, como resbalones y caídas, así como enfermedades ocupacionales o dolencias que se desarrollan con el tiempo debido a las condiciones laborales.

**Gastos médicos:** la póliza de seguro generalmente cubre los gastos médicos relacionados con el tratamiento de lesiones o enfermedades relacionadas con el trabajo.

Esto puede incluir hospitalización, visitas al médico, medicamentos, cirugías, rehabilitación y otros tratamientos médicos necesarios.

**Reemplazo de salario:** si un empleado no puede trabajar debido a una lesión o enfermedad relacionada con el trabajo, el seguro contra accidentes en el lugar de trabajo proporciona beneficios de reemplazo de salario.

Estos beneficios generalmente cubren una parte de los salarios perdidos del empleado, generalmente un porcentaje de sus ingresos previos a la lesión, y están destinados a ayudar al empleado a cumplir con sus obligaciones financieras durante el período de recuperación.

**Beneficios por incapacidad:**

En los casos en que la lesión o enfermedad relacionada con el trabajo resulte en una discapacidad o impedimento permanente, el seguro de accidentes laborales puede proporcionar beneficios por incapacidad adicionales para compensar la pérdida de la capacidad de generar ingresos.

**Protección legal:**

Al brindar cobertura de compensación laboral, los empleadores generalmente están protegidos de ser demandados por los empleados por lesiones o enfermedades en el lugar de trabajo.

La compensación laboral se considera un sistema sin culpa, lo que significa que los empleados tienen derecho a beneficios independientemente de quién tuvo la culpa del accidente.

**Requisito obligatorio:**

El seguro contra accidentes laborales suele ser un requisito legal para los empleadores en muchas jurisdicciones.

Por lo general, los empleadores deben tener un seguro de compensación laboral para brindar cobertura a sus empleados en caso de lesiones o enfermedades relacionadas con el trabajo.

**Seguros requeridos para contratistas: Seguro de vida para trabajadores.**

El seguro de vida para trabajadores, también conocido como seguro de vida grupal o seguro de vida patrocinado por el empleador, es un tipo de cobertura de seguro de vida que los empleadores brindan a sus empleados.

Es un beneficio que se ofrece como parte de un paquete de beneficios para empleados y su propósito es brindar protección financiera a los empleados y sus familias en caso de fallecimiento del empleado.

A continuación se detallan algunos puntos clave sobre los seguros de vida para trabajadores:

**Cobertura**:

El seguro de vida para trabajadores proporciona un beneficio por fallecimiento a los beneficiarios designados si el empleado asegurado fallece durante el período de cobertura.

El beneficio por fallecimiento suele ser un pago de una suma global y está destinado a brindar apoyo financiero a la familia del empleado, como cubrir los gastos del funeral, pagar deudas, reemplazar los ingresos perdidos o financiar los gastos de educación.

**Cobertura grupal**: Este tipo de seguro de vida se proporciona a un grupo de empleados en lugar de pólizas individuales para cada empleado.

El empleador negocia una póliza de seguro de vida grupal con un proveedor de seguros y todos los empleados elegibles quedan automáticamente cubiertos por la póliza.

Pagado por el empleador o pagado por el empleado: el costo de la cobertura del seguro de vida puede ser pagado en su totalidad por el empleador como un beneficio para el empleado o compartido entre el empleador y el empleado mediante deducciones de nómina.

**Suscripción simplificada**: el seguro de vida grupal generalmente implica una suscripción simplificada en comparación con las pólizas de seguro de vida individuales.

Esto significa que es posible que no se requiera que los empleados se sometan a un examen médico o proporcionen información de salud detallada para calificar para la cobertura.

Sin embargo, es posible que aún existan ciertos criterios de elegibilidad, como horas mínimas trabajadas o un período de espera antes de que un empleado sea elegible para la cobertura.

**Portabilidad y Conversión:** Dependiendo de los términos de la póliza, los empleados pueden tener la opción de continuar con su cobertura de seguro de vida si abandonan la empresa.

A esto se le suele denominar portabilidad. Además, algunas pólizas pueden permitir a los empleados convertir su cobertura grupal en pólizas individuales al dejar el empleo.

**Monto del beneficio:** el monto de la cobertura proporcionada por el seguro de vida grupal suele ser un múltiplo del salario del empleado, como una o dos veces el salario anual.

Sin embargo, los empleadores pueden ofrecer diferentes opciones de cobertura o permitir que los empleados adquieran cobertura adicional mediante contribuciones voluntarias.

**Consideraciones fiscales:** en muchos países, las primas que pagan los empleadores por los seguros de vida grupales suelen ser gastos deducibles de impuestos.

Además, el beneficio por fallecimiento que reciben los beneficiarios generalmente está libre de impuestos.

## Seguro requerido para contratistas: Responsabilidad civil de la construcción.

La responsabilidad civil en el contexto de la construcción se refiere a la obligación legal de los profesionales o entidades de la construcción de compensar cualquier daño, lesión o pérdida causada a terceros con motivo de sus actividades de construcción.

Los proyectos de construcción involucran a varias partes, incluidos contratistas, arquitectos, ingenieros y subcontratistas, y cada uno de ellos puede tener responsabilidades civiles según sus funciones y acuerdos contractuales.

**Deber de diligencia:** Los profesionales de la construcción tienen el deber de diligencia para garantizar que sus acciones no causen daño a otros.

Se espera que sigan los estándares aceptados de la industria, ejerzan habilidades y cuidados razonables y cumplan con los códigos de construcción, regulaciones y pautas de seguridad relevantes.

**Negligencia:** si un profesional de la construcción no cumple con el estándar de cuidado esperado, lo que resulta en daños o lesiones, puede ser considerado responsable por negligencia.

La negligencia se produce cuando se incumple el deber de diligencia, causando un daño previsible a otros.

**Tipos de daños:** La responsabilidad civil en la construcción puede implicar una amplia gama de daños, incluidos daños a la propiedad, lesiones personales, pérdidas económicas y pérdida de uso.

Por ejemplo, si un defecto de construcción provoca el colapso del edificio y causa lesiones a los ocupantes, es posible que se exija a la parte responsable que compense los gastos médicos, daños a la propiedad, pérdida de ingresos y dolor y sufrimiento.

**Obligaciones contractuales:** la responsabilidad civil en la construcción suele estar regida por acuerdos contractuales.

Los contratos pueden especificar los estándares de desempeño, responsabilidades y obligaciones de cada parte involucrada en el proyecto de construcción.
Las partes pueden ser consideradas responsables por el incumplimiento de sus obligaciones contractuales y se les puede exigir que compensen los daños resultantes.

**Seguro de responsabilidad profesional:** los profesionales de la construcción, como arquitectos e ingenieros, suelen tener un seguro de responsabilidad profesional, también conocido como seguro de errores y omisiones (E&O).

Este seguro brinda cobertura por daños resultantes de negligencia profesional o errores en el diseño, especificaciones o supervisión de la construcción.

**Requisitos legales:** los proyectos de construcción están sujetos a requisitos reglamentarios y códigos de construcción establecidos por las autoridades locales, regionales o nacionales.

El incumplimiento de estos requisitos puede dar lugar a responsabilidad civil, así como a sanciones legales o multas.

**Resolución de disputas:** En caso de una disputa relacionada con la construcción, las partes podrán recurrir a mecanismos alternativos de resolución de disputas, como mediación o arbitraje, para resolver sus diferencias sin acudir a los tribunales.

Estos mecanismos pueden ayudar a las partes a llegar a un acuerdo y evitar litigios prolongados.

**Seguro requerido para contratistas: Seguro de responsabilidad profesional.**

Puede aplicarse a diversos sectores.

El seguro de responsabilidad profesional, también conocido como seguro de errores y omisiones (E&O), protege a los profesionales de pérdidas financieras resultantes de reclamaciones por negligencia o trabajo inadecuado. Está diseñado para brindar cobertura a profesionales que brindan asesoramiento, servicios o experiencia a los clientes.

A continuación se detallan algunos puntos clave sobre el seguro de responsabilidad profesional:

**Cobertura:** El seguro de responsabilidad profesional cubre a los profesionales contra reclamaciones realizadas por clientes o terceros que alegan errores, omisiones, negligencia, mala conducta profesional o falta de entrega de los servicios prometidos.

Por lo general, incluye costos de defensa legal, acuerdos y sentencias asociados con dichos reclamos.

**Profesiones cubiertas:** Varias profesiones pueden beneficiarse del seguro de responsabilidad profesional, incluidos, entre otros, contadores, consultores, arquitectos, ingenieros, agentes inmobiliarios, etc.

**Tipos de reclamos:** Los reclamos cubiertos por un seguro de responsabilidad profesional pueden incluir negligencia, tergiversación, violación de la buena fe y el trato justo, e incumplimiento de los estándares profesionales.

**Importancia:** El seguro de responsabilidad profesional es importante porque incluso los profesionales que se destacan en su trabajo pueden cometer errores o enfrentar reclamos infundados.

Un solo reclamo puede resultar en pérdidas financieras significativas, daños a la reputación y gastos legales, que pueden ser financieramente devastadores sin una protección de seguro adecuada.

**Cobertura personalizada:** las pólizas de seguro de responsabilidad profesional se pueden adaptar a las necesidades específicas de diferentes profesiones e industrias.

Los límites de cobertura, los deducibles y los términos de la póliza pueden variar según factores como la naturaleza del trabajo, el tamaño de la empresa y el nivel de riesgo involucrado.

**Requisitos legales:** en algunas profesiones, el seguro de responsabilidad profesional es un requisito legal o reglamentario.

**Proceso de Reclamaciones:** En caso de reclamación, el profesional asegurado deberá notificar a la compañía de seguros con prontitud.

La compañía de seguros generalmente investigará el reclamo, brindará defensa legal si es necesario y negociará acuerdos o representará al asegurado en los tribunales, según las circunstancias.

**Exclusiones**: Como cualquier póliza de seguro, el seguro de responsabilidad profesional tiene ciertas exclusiones.

Las exclusiones comunes pueden incluir reclamaciones por delitos intencionales, actos delictivos, lesiones corporales o daños a la propiedad (cubiertos por un seguro de responsabilidad general) y reclamaciones relacionadas con otros tipos de seguros, como la compensación laboral.

### Seguro requerido para contratistas: Responsabilidad por contaminación del contratista (CPL)

Definiciones de seguro de responsabilidad por contaminación de contratistas (CPL).

El seguro de responsabilidad por contaminación de contratistas (CPL) es un tipo de cobertura de seguro diseñado específicamente para proteger a los contratistas y subcontratistas contra responsabilidades derivadas de riesgos e incidentes relacionados con la contaminación.

Proporciona cobertura por daños, costos de limpieza y gastos legales asociados con incidentes de contaminación que ocurren durante las actividades de construcción o contratación.

A continuación se detallan algunos puntos clave sobre el seguro de responsabilidad por contaminación de contratistas (CPL):

**Cobertura:** El seguro CPL ofrece protección a los contratistas en caso de incidentes relacionados con la contaminación, como liberaciones accidentales de contaminantes, daños ambientales o contaminación causada por sus actividades laborales.

Cubre eventos de contaminación tanto repentinos como graduales.

**Alcance de la cobertura:** el seguro CPL generalmente cubre varios tipos de contaminación, incluida la contaminación causada por materiales peligrosos, moho, asbesto, plomo y otros contaminantes.

También puede brindar cobertura por lesiones corporales de terceros, daños a la propiedad y costos de limpieza resultantes de incidentes de contaminación.

**Partes cubiertas:** el seguro CPL generalmente lo adquieren contratistas y subcontratistas involucrados en proyectos de construcción, renovación o remedición.

Puede ser aplicable a varios sectores, incluidos contratistas generales, contratistas de remediación ambiental, gerentes de construcción y contratistas comerciales especializados.

**Características de la póliza:** Las pólizas de seguro CPL se pueden personalizar para satisfacer las necesidades específicas de los contratistas.

Los límites de cobertura, los deducibles y los términos de la póliza pueden variar según factores como el tamaño de las operaciones del contratista, los tipos de proyectos realizados y el nivel de riesgo involucrado.

**Exclusiones:** Las pólizas de seguro CPL pueden tener ciertas exclusiones, como contaminación intencional, condiciones de contaminación conocidas y ciertos tipos de servicios profesionales.

Es fundamental que los contratistas revisen su política detenidamente y comprendan las exclusiones y limitaciones específicas.

**Requisitos contractuales:** en algunos casos, es posible que se exija a los contratistas que contraten un seguro CPL como obligación contractual.

Los clientes o propietarios de proyectos pueden incluirlo como requisito previo para la adjudicación de un contrato, particularmente para proyectos que involucran riesgos ambientales o ubicaciones sensibles.

**Proceso de Reclamaciones:** En caso de un incidente de contaminación, el contratista deberá notificar a la compañía de seguros con prontitud.

La compañía de seguros investigará el reclamo, brindará defensa legal si es necesario y cubrirá los costos asociados con el incidente, incluida la limpieza, la remediación y las posibles responsabilidades.

**Gestión de riesgos:** Los contratistas también deben implementar prácticas efectivas de gestión de riesgos para minimizar la probabilidad de incidentes de contaminación y las responsabilidades asociadas.

Esto puede incluir el manejo, almacenamiento y eliminación adecuados de materiales peligrosos, el cumplimiento de las regulaciones ambientales y medidas de seguridad proactivas.

**Seguro requerido para contratistas: Seguro de vehículos motorizados, comerciales y comerciales.**

El seguro de vehículos de motor comerciales y comerciales brinda cobertura para vehículos utilizados con fines comerciales.

Ya sea que tenga un solo vehículo o una flota de vehículos, este tipo de seguro está diseñado para proteger su negocio contra pérdidas financieras resultantes de accidentes, robos u otros daños que involucren sus vehículos.

A continuación, se incluyen algunos puntos clave que debe comprender sobre el seguro de vehículos motorizados comerciales y comerciales:

**Cobertura:** El seguro de vehículos motorizados comerciales generalmente brinda cobertura por responsabilidad, daños físicos y otros riesgos específicos asociados con el uso de vehículos relacionados con el negocio.

**Cobertura de responsabilidad:** esto protege su negocio si usted o sus empleados causan lesiones o daños a la propiedad a otros mientras operan los vehículos con fines comerciales.

Cubre gastos legales, costos médicos y reparaciones o reemplazo de propiedad.

**Cobertura de daños físicos**: Esto incluye cobertura integral y de colisión. La cobertura integral protege contra incidentes que no son de colisión, como robo, vandalismo, incendio o desastres naturales.

La cobertura de colisión brinda protección por daños resultantes de colisiones con otros vehículos u objetos.

Cobertura para conductores sin seguro o con seguro insuficiente: esto lo cubre a usted y a sus empleados si se ve involucrado en un accidente.

**Seguros requeridos para contratistas: Seguro de garantía para asegurar el cumplimiento del contrato.**

El seguro de garantía, también conocido como seguro de garantía de contrato o seguro de garantía de cumplimiento, es un tipo de seguro diseñado para garantizar el cumplimiento de los términos y condiciones de un contrato.

Proporciona protección financiera al beneficiario del contrato (normalmente el propietario del proyecto o el cliente) si el contratista no cumple con sus obligaciones contractuales.

Cuando un contratista celebra un contrato, el propietario del proyecto puede exigirle que proporcione una garantía o fianza como forma de garantía.

Esta garantía sirve como promesa de que el contratista completará el proyecto según lo especificado en el contrato y brinda al propietario del proyecto la seguridad de que será compensado si el contratista no cumple con sus obligaciones.

Así es como funciona el seguro de garantía:

**El contratista obtiene el seguro:** El contratista compra un seguro de garantía a una compañía de seguros o a un proveedor de fianzas.

El proveedor de seguros evalúa la estabilidad financiera, el historial y la capacidad del contratista para cumplir el contrato antes de emitir la garantía.

**Términos de la garantía:** La póliza de seguro garantizada describe los términos y condiciones bajo los cuales el proveedor de seguros compensará al propietario del proyecto si el contratista incumple el contrato.

Estos términos generalmente incluyen el monto de la cobertura, el alcance de la garantía y los eventos desencadenantes que conducirían a un reclamo.

El contratista incumple el contrato: si el contratista no cumple con sus obligaciones contractuales, como la no finalización del proyecto, el trabajo deficiente o el incumplimiento financiero, el propietario del proyecto puede presentar un reclamo sobre la póliza de seguro garantizada.

El proveedor de seguros compensa al propietario del proyecto:

Si el reclamo es válido y está dentro de los términos de la póliza, el proveedor de seguros compensará al propietario del proyecto hasta el monto de cobertura especificado en la póliza.

El proveedor de seguros podrá entonces solicitar al contratista el reembolso del importe pagado.

El seguro de garantía brinda protección al propietario del proyecto contra pérdidas financieras resultantes del incumplimiento por parte del contratista de sus obligaciones.

Ayuda a garantizar que el propietario del proyecto pueda completarlo o contratar a otro contratista sin incurrir en costos adicionales significativos.

Es importante tener en cuenta que el seguro de garantía es diferente del seguro de responsabilidad.

El seguro de responsabilidad protege contra reclamaciones por lesiones o daños a la propiedad causados por las acciones del contratista, mientras que el seguro de garantía se centra en el desempeño del contratista y el cumplimiento de los términos del contrato.

**Seguro requerido para contratistas: Seguro de caución para sustituir la retención con fondos de reparo.**

El seguro de caución es un tipo de seguro que brinda protección financiera al propietario o cliente del proyecto si el contratista no cumple con sus obligaciones contractuales.

Se utiliza comúnmente en proyectos de construcción para reemplazar la práctica tradicional de retener fondos de retención con fondos de reparación.

En muchos contratos de construcción, el propietario del proyecto retiene un determinado porcentaje del precio del contrato como fondo de retención.

Por lo general, estos fondos están destinados a proporcionar una forma de seguridad para el propietario del proyecto en caso de que el contratista no complete el proyecto satisfactoriamente o no solucione los defectos o problemas que puedan surgir durante el período de garantía.

El seguro de caución ofrece un enfoque alternativo a los fondos de retención al proporcionar una garantía de una compañía de fianzas externa.

Así es como funciona:

El contratista obtiene un seguro de caución: el contratista compra un seguro de caución a una compañía de fianzas.

La compañía de fianzas evalúa la estabilidad financiera, el historial y la capacidad del contratista para cumplir el contrato antes de emitir el seguro.

**Términos del seguro de caución:** La póliza de seguro de caución describe los términos y condiciones bajo los cuales la compañía de caución proporcionará una compensación financiera al propietario del proyecto si el contratista no cumple con sus obligaciones contractuales. Esto incluye abordar defectos o problemas que puedan surgir durante el período de garantía.

**Reemplazo de fondos de retención:** en lugar de retener fondos de retención del contratista, el propietario del proyecto confía en el seguro de caución como forma de seguridad financiera.

El seguro de caución reemplaza la necesidad de fondos de retención al brindarle al propietario del proyecto la seguridad de que será compensado si el contratista no cumple con sus obligaciones.

El contratista incumple el contrato: si el contratista no cumple con sus obligaciones, como no completar el proyecto o no abordar los defectos, el propietario del proyecto puede presentar un reclamo sobre la póliza de seguro de caución.

La compañía de fianzas compensa al propietario del proyecto: Si el reclamo es válido y está dentro de los términos de la póliza, la compañía de fianzas compensará al propietario del proyecto hasta el monto de cobertura especificado en la póliza.

La compañía de fianzas podrá entonces solicitar al contratista el reembolso del importe pagado.

Al utilizar un seguro de garantía en lugar de fondos de retención, el propietario del proyecto puede potencialmente liberar flujo de efectivo que de otro modo estaría inmovilizado en fondos retenidos.

También proporciona una capa adicional de protección y garantía financiera en caso de que el contratista no cumpla con sus obligaciones.

Es importante tener en cuenta que el seguro de caución no reemplaza otros tipos de cobertura de seguro, como el seguro de responsabilidad civil o el seguro de indemnización profesional, que aún pueden ser necesarios para abordar otros tipos de riesgos asociados con el proyecto.

**Seguros requeridos para contratistas: Póliza de garantía por anticipo financiero y/o cobro.**

Una póliza de garantía por anticipo financiero y/o cobro es un tipo de cobertura de seguro que brinda protección a empresas o individuos que han adelantado fondos o realizado pagos a otra parte.

Esta póliza de seguro protege al asegurado contra el riesgo de impago o de no cobro de los fondos adelantados.

Así es como suele funcionar una póliza de garantía de anticipo financiero y/o cobro:

**El asegurado solicita una garantía:** La parte que ha adelantado fondos o realizado pagos (denominado beneficiario) busca una garantía de un proveedor de seguros para proteger sus intereses financieros.

**Evaluación y suscripción:** El proveedor de seguros evalúa la solicitud y valora el riesgo asociado a la garantía. Esto implica examinar la situación financiera y la solvencia crediticia de la parte a quien se le han adelantado los fondos (denominada deudor).

**Emisión de la póliza garantizada**: Si el proveedor de seguros determina que el riesgo es aceptable, emite una póliza garantizada al beneficiario.

La póliza describe los términos y condiciones bajo los cuales el proveedor de seguros proporcionará compensación al beneficiario.

**Incumplimiento o falta de pago**: Si el deudor incumple el pago o no cumple con sus obligaciones, el beneficiario puede presentar un reclamo bajo la póliza garantizada.

Compensación por parte del proveedor de seguros: Si el reclamo es válido y se encuentra dentro de los términos de la póliza, el proveedor de seguros compensa al beneficiario por el anticipo financiero o pago que no fue reembolsado o cobrado.

El proveedor de seguros podrá entonces reclamar al deudor la recuperación del importe pagado.

Una póliza de garantía de anticipo financiero y/o cobro ayuda a proteger a empresas o individuos de posibles pérdidas financieras resultantes de la falta de pago o de cobro.

Proporciona una capa adicional de seguridad cuando se trata de transacciones que involucran sumas significativas de dinero, o cuando se trata de partes cuya solvencia crediticia puede ser incierta.

**Seguros requeridos para contratistas: Garantía de Pago (Payment Bond).**
Protege contra el riesgo de que el contratista principal no pague a sus subcontratistas, proveedores de materiales, o trabajadores. Garantiza que estos pagos se realicen correctamente.

**Seguros requeridos para contratistas: Seguro Todo Riesgo de Construcción (Builders Risk Insurance):**
Cubre daños a la obra en construcción por eventos como incendios, robo, vandalismo, y desastres naturales durante el período de construcción.

**Seguros requeridos para contratistas: Garantía de Mantenimiento (Maintenance Bond):**
Asegura que el contratista corregirá cualquier defecto de trabajo

descubierto durante un período específico después de la finalización del proyecto (a menudo de 1 a 2 años)

**Cualquier otro seguro exigido por la legislación laboral vigente.**

**¿Cuáles son las cláusulas adicionales requeridas por el Cliente?**

Generalmente, el Cliente solicita que las pólizas de seguro incluyan las siguientes cláusulas:

1. Cláusula de renuncia a la subrogación del asegurador frente al Cliente. (Conocida como cláusula de no repetición)
2. Cláusulas que impiden al asegurador modificar y/o cancelar los seguros sin previo aviso al Cliente.

Cabe señalar que el Cliente monitorea periódicamente la vigencia de cada una de las políticas requeridas en el documento del contrato.

## Costo financiero

Comprende el conjunto de desembolsos en términos de unidades monetarias por intereses, comisiones y otros gastos derivados de la obtención de préstamos en las entidades financieras.

**Cuando el contratista ejecuta obras que superan sus posibilidades económicas, debe recurrir al capital privado o a instituciones de crédito que le proporcionan los medios económicos para afrontar la obra.**

Esto implica el pago de intereses o la participación de un tercero en los beneficios de la obra.

De lo anterior surge que es indispensable realizar junto con la estimación del presupuesto de obra, un estudio económico-financiero que consiste en un presupuesto de gastos o plan de inversiones y un presupuesto de ingresos o de recursos que se van a disponer a medida que la obra avance, en concepto de pago por obra ejecutada o por anticipos acordados.

La resultante entre los dos conjuntos de valores, inversiones o gastos, por un lado, e ingresos por el otro, determina las necesidades monetarias de la obra.

El principal componente del costo de financiación es el que surge de multiplicar el capital financiado por el tiempo de la financiación al tipo de interés correspondiente.

Para determinar con cierta precisión el costo de financiación de una obra, es necesario disponer de un plan de inversiones.

**Plan de inversión**

El plan de inversiones o el presupuesto de gastos, se elabora a partir del plan de trabajo.

A continuación, se analizan los pasos a seguir para desarrollar el plan de trabajo y el correspondiente plan de inversiones.

**Plan de trabajo**

El plan de trabajo se obtiene a partir de la planificación del proyecto o de la obra, esto implica cuantificar el tiempo y los recursos que el proyecto va a demandar.

La planificación es fundamental para trazar el plan de acción a seguir y definir la secuencia lógica de las actividades o tareas a desarrollar.

La planificación de una obra se materializa en un diagrama, por ejemplo, un Gantt, en el que se examina lo siguiente:

- La totalidad de las tareas a ejecutar y los suministros a proporcionar.

- La elección de las tecnologías a utilizar para desarrollar el proyecto.
- Los tiempos de ejecución de cada actividad.

Para establecer los tiempos de ejecución de cada actividad, es necesario determinar la productividad de los trabajadores y la de los equipos relacionados, definir los tiempos de provisión de los suministros, etc.

**Definición de la secuencia o cadena lógica en la que se desarrollan las actividades.**

Una vez completados los pasos anteriores, es posible crear un plan de trabajos preliminar que se ajuste a los hitos establecidos por el cliente o por el documento de licitación.

A continuación, se procede a cuantificar el consumo de recursos de cada actividad y luego se suma el costo de esos recursos.

Una vez hecho esto, las necesidades de dinero pueden ser distribuidas en el tiempo, es decir, formular el plan de inversión.

Esto nos permite conocer el importe del capital inicial necesario y los fondos a invertir periódicamente durante el transcurso de la construcción.

Una vez trazado el plan de inversiones es necesario definir las fechas y montos de los ingresos a percibir por avance de obra en concepto de cobro por la obra ejecutada.

La resultante entre las dos tablas de valores, inversiones o gastos y pagos o ingresos (payback) determina cual es el flujo de caja y en que período se produce la necesidad de capital.

Como se ve el costo financiero de una obra está ligado a la forma de pago del adquirente, a los plazos de pago que consiga el contratista con sus proveedores y subcontratistas etc.

Es habitual que el contratista proponga a sus proveedores y subcontratistas el mismo plazo de pago que convino con el comitente.

Todo este análisis se realiza en conjunto con el departamento financiero de la empresa y determina que se carga en la estimación.

# Previsión por contingencias

Los accionistas o propietarios de las sociedades son generalmente los encargados de analizar y definir los importes de estas partidas.

El porcentaje de dinero adicional a cargar por estas contingencias tiene como objetivo proteger a la compañía, contra los riesgos no cubiertos en la estimación de un presupuesto.

Es muy importante realizar un análisis exhaustivo de la gestión de riesgos.

Los riesgos existen y ocurren en cada uno de los proyectos.

**Estos riesgos se agrupan como:**

**Riesgo Identificado (Unknown-Known)**

Se trata de riegos reconocidos en los que se puede o no cuantificar la magnitud del impacto.

En estos casos, el impacto de los riesgos es mitigado por la reserva por contingencias.

**Riesgo no identificado (Unknown-Unknown)**

Estos riesgos serán cubiertos por la reserva de gestión.

Como vemos, la reserva para imprevistos y la reserva de gestión no son lo mismo.

La reserva de contingencia cubre riesgos identificados y forma parte de la base de costos, mientras que la reserva de gestión cubre riesgos no identificados y es parte del presupuesto.

**Cálculo de la Reserva para Contingencias.**

La cantidad de dinero, o tiempo a considerar para esta Reserva, se puede estimar de varias maneras, y generalmente, solo se cubren los riesgos negativos.

Los cálculos deben examinar la probabilidad de que ocurra el riesgo, la magnitud financiera de su impacto y el costo de las alternativas.

Los líderes de proyecto y sus equipos analizan y definen las reservas de efectivo o tiempo a considerar para cubrir estas eventualidades.

La reserva para contingencias se incluye en la línea base de costos, es decir, Costo base = Costo estimado del proyecto + Reserva para contingencias.

$$\text{Costo base} = \text{Costo estimado del proyecto} + \text{Reserva por contingencias}$$

Es decir, se pretende cubrir con estas partidas monetarias cualquier incógnita no definida con precisión.

**Cómo determinar el costo de las contingencias.**

Por lo general, agregamos una reserva para imprevistos a un presupuesto cuando existe cierta certeza estadística de que se incurrirá en costos individuales impredecibles.

La cantidad de fondos o intervalos de tiempo asignados para cada contingencia tiene un valor que equilibra el riesgo aceptado.

En el caso de un proyecto, la necesidad de una reserva por contingencias se basa, por ejemplo, en la probabilidad de ocurrencia y el impacto de uno o más de los siguientes eventos:

Zona de condiciones climáticas inestables en el sitio donde se ejecuta el Proyecto.

El proponente deberá cubrir las contingencias cuando el proyecto se vea afectado por la probabilidad de ocurrencia e impacto de:

- Temperaturas extremas.
- Fuertes lluvias prolongadas.
- Posible inundación.
- Vientos frecuentes, etc.
- Existe la posibilidad de conflictos laborales.

En algunas regiones, los sindicatos están muy radicalizados, y esta situación aumenta la posibilidad de huelgas y cambios en las regulaciones laborales.

- La obra se construye en una región históricamente inestable en lo referente al contexto político-económico.

Hay regiones con realidades económicas y políticas muy inestables. Esto conduce, por ejemplo, a frecuentes e imprevistos aumentos de los precios o de tasas de interés.
El proponente debe protegerse de esta situación.

- Plazos ajustados para llevar a cabo un proyecto y altas sanciones por incumplimiento.

Cuando la obra que se cotiza tiene un plazo de ejecución insuficiente y con onerosas multas por incumplimiento, es razonable cubrir esa situación con partidas para imprevistos.

- Diseños no definidos completamente en los documentos de licitación y/o posibles errores en los mismos.

Esta situación produce incertidumbre y la necesidad de cubrir esa contingencia.

- Obras o proyectos a largo plazo.

Para los trabajos de largo plazo, en general, los pagos se ajustan con una fórmula de reajuste de precios debido a los incrementos salariales y los costos del material en el tiempo.

El análisis de la efectividad de esta fórmula de reajuste muestra si existe o no la necesidad de hacer una previsión adicional por costos no cubiertos.

En resumen, las estimaciones deben incluir reservas adecuadas para protegerse de los posibles daños económicos causados por la ocurrencia de eventos imprevistos.

**Las Reservas de Gestión**

La reserva de gestión es la reserva añadida al proyecto general por la alta dirección para cubrir eventos no identificados o inciertos.

Estos riesgos no se identifican como parte del proceso de gestión de riesgos.

La reserva de gestión no está incluida en la línea base de costos, es decir:

El presupuesto del proyecto = la línea base de costos + la reserva de gestión.

> **Presupuesto del proyecto = Línea base de costos + Reserva de gestión**

La reserva se mantiene hasta el final del proyecto.

**Ejemplo**

El proveedor de un material básico para un proyecto deja de producir inesperadamente por problemas económicos y es necesario buscar otro proveedor de ese material que cumpla con los requisitos de las Especificaciones Técnicas de la Oferta.

En este caso, el director del proyecto debe informar el evento a la alta dirección para utilizar la Reserva de Gestión para resolver este imprevisto.

# Agregar utilidades

**Margen de Beneficio: Definición y Cálculo**

El margen de beneficio es una métrica financiera clave que se utiliza para evaluar la rentabilidad de un negocio o empresa. Indica el porcentaje de beneficio que una empresa obtiene de sus ingresos totales después de deducir todos los gastos asociados con la producción y venta de bienes o servicios.

**Cómo Calcular el Margen de Beneficio en Obras de Construcción o Montaje**

Para calcular el margen de beneficio en proyectos de construcción o montaje, se deben analizar los ingresos generados por el proyecto y restar todos los costos asociados, obteniendo así el ingreso neto. La fórmula para calcular el margen de beneficio es la siguiente:

$$\frac{\text{Ingreso neto}}{\text{Ingreso total}} \times 100 = \text{Margen de beneficio}$$

**Definición de Ingreso Neto y Consideraciones para el Margen de Beneficio**

El ingreso neto se refiere al ingreso total obtenido por la empresa después de deducir todos los gastos relacionados con la obra. Estos gastos incluyen costos laborales, materiales, equipos, honorarios de subcontratistas, permisos, costos generales y cualquier otro gasto específico del proyecto.

Para las empresas de construcción o montaje, es crucial estimar con precisión los costos del proyecto y establecer precios adecuados para sus servicios. Esto les permite mantener un margen de beneficio satisfactorio y seguir siendo competitivas en el mercado.

## Importancia del Monitoreo y Análisis del Margen de Beneficio

Monitorear y analizar regularmente los márgenes de beneficio ayuda a las empresas a tomar decisiones informadas que mejoran su desempeño financiero y rentabilidad general. Un margen de beneficio saludable es esencial para cubrir los costos operativos, garantizar la estabilidad financiera y permitir inversiones en crecimiento y expansión.

## Factores que Influyen en los Márgenes de Beneficio

Los márgenes de ganancia bajos pueden ser resultado de ineficiencias, mala gestión de costos o competencia intensa. En cambio, una gestión eficaz de proyectos, un control riguroso de los costos y estrategias de fijación de precios adecuadas pueden conducir a márgenes de ganancia altos.

## Explorando el margen de beneficio: una herramienta para su negocio | Ejemplo

Supongamos que una empresa, situada cerca de una región petrolera, produce y vende el mismo tipo de Skid pre-montado que se muestra en la figura a continuación

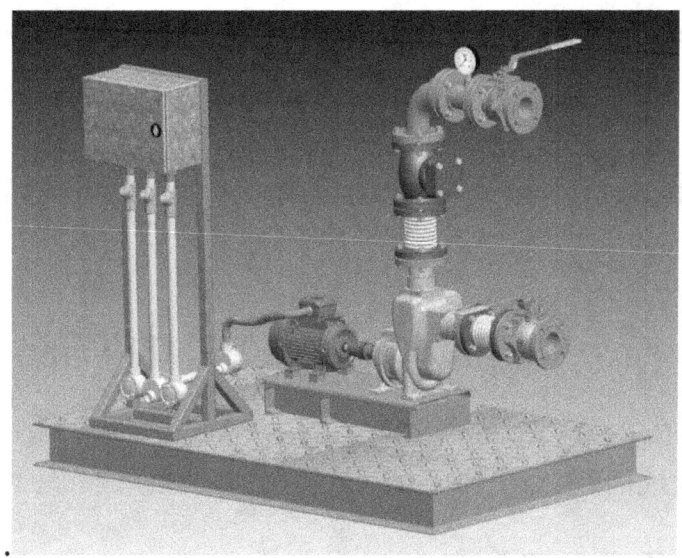

Analicemos los costos de esta empresa para fabricar, transportar y montar el Skid sobre una base construida por terceros:

- **Costo de fabricación, traslado y montaje:** $80,000
- **Precio de venta o ingreso total (A):** $100,000
- **Ingreso neto:** $20,000
- **Margen de beneficio:** 20%

Ahora, esta empresa ha sido invitada a presentar una cotización en otra región petrolera, que se encuentra mucho más alejada de su fábrica y donde los costos de montaje son más altos.

**Pregunta:** ¿Cuál debe ser el nuevo precio de venta si la empresa desea mantener un margen de beneficio del 20%?

**Balance financiero con los nuevos costos:**

- **Nuevo costo de fabricación, traslado y montaje:** $90,000

Para mantener un margen de beneficio del 20%, necesitamos calcular el nuevo precio de venta (A). Utilizamos la fórmula del margen de beneficio:

**Margen de beneficio = (Ingreso neto / Ingresos totales) x 100**

Reemplazando

$$20\% = (A - \$90\,000/A) \times 100,$$

Resolviendo esta ecuación, encontramos que: A = $112500

**Verificación:**

**Margen de Beneficio = ($112,500 – $90,000/$112,500) x 100 = 20%**

Por lo tanto, para mantener un margen de beneficio del 20%, el precio de venta debe aumentarse a $112,500.

**Márgenes de beneficios típicos.**

En los proyectos de construcción y montaje, el porcentaje de beneficio suele variar entre un 5% y un 30%. Generalmente, los márgenes más altos se aplican a obras pequeñas o con un alto nivel de riesgo. Las prácticas habituales son las siguientes:

- Trabajos pequeños y/o de alto riesgo: El margen de beneficio suele estar entre el 20% y el 30%.
- Proyectos de tamaño medio con riesgo moderado: Los márgenes de beneficio comunes oscilan entre el 15% y el 20%.
- Obras grandes y de bajo riesgo: El margen de beneficio suele ser del 10% al 15%.
- Proyectos de gran envergadura y muy bajo riesgo. Los márgenes de beneficio se sitúan entre el 5% y el 10%.

Cada empresa determina su porcentaje de utilidad o ganancia en función de varios factores, tales como:

- La estabilidad de la moneda en la que se realiza la cotización.
- La rentabilidad esperada, es decir, el porcentaje de retorno de la inversión medido en el tiempo.
- La ocupación de su capacidad operativa.
- El tamaño y nivel de riesgo del proyecto.

- La intención de mantener una relación continua de trabajo con el cliente.

**Los beneficios obtenidos por una empresa pertenecen a sus propietarios.**

En la ejecución de un proyecto, cada empresa pone en juego su prestigio, capacidad, experiencia, capital, equipamiento, y otros factores relevantes. Tras deducir todos los gastos, incluidos los costos operativos, impuestos, e intereses, el monto restante constituye la ganancia neta.

En el caso de una empresa que cotiza en bolsa, la propiedad de la empresa se distribuye entre los accionistas, quienes poseen acciones de la misma. La proporción de propiedad de un accionista se determina por el número de acciones que posee en relación con el número total de acciones en circulación.

Cuando una empresa genera ganancias, puede optar por las siguientes acciones:

**Distribuir dividendos**: La empresa puede decidir repartir una parte de sus ganancias como dividendos entre los accionistas. Los dividendos son una forma de compartir el éxito de la empresa y recompensar a los accionistas por su inversión.

**Retener parte o todas las ganancias**: En lugar de distribuir todas las ganancias como dividendos, la empresa puede optar por retener una parte o la totalidad de las ganancias para reinvertirlas en el negocio con el fin de fomentar el crecimiento y la expansión. Estas ganancias retenidas pueden destinarse a investigación y desarrollo, inversiones de capital, reducción de deuda, u otras iniciativas estratégicas.

**Recompra de acciones**: La empresa puede utilizar sus ganancias para recomprar sus propias acciones en el mercado. Esto reduce el número de acciones en circulación y, en consecuencia, incrementa la participación de propiedad de los accionistas existentes.

**Saldar deudas**: Las ganancias también pueden destinarse al pago de deudas existentes, lo que reduce los gastos por intereses y mejora la salud financiera de la empresa.

La decisión sobre cómo utilizar las ganancias dependerá de los objetivos financieros de la empresa, su estrategia de crecimiento, y las preferencias de la dirección y la junta directiva.

## Markup – Fórmula

El *markup* es el porcentaje o cantidad con la que se incrementa el costo base de un presupuesto para obtener el precio de venta final. Calcular el valor del margen en la construcción es fundamental para fijar el precio de un proyecto, asegurando que la empresa constructora pueda cubrir sus costos y obtener una ganancia razonable.

**Fórmula del Markup:**

$$\frac{\text{Precio} - \text{Costo}}{\text{Costo}} = \text{Markup}$$

Aplicamos el markup a la cotización de la siguiente manera:

1. **Como porcentaje del costo final del presupuesto** (*markup* sobre el costo):

**Precio final (sin impuestos) = costo + costo X (% Markup sobre el costo)**

**Ejemplo: Si el costo es 1 y el markup es del 20%, el precio final será 1,20.**

2. **Como porcentaje del precio de venta** (*markup* sobre el precio):

En este caso obtendremos el precio final de la siguiente manera.

Al precio final (desconocido) lo llamamos Pf.

**Pf = costo + Pf X (% markup)**

De la fórmula despejamos el precio final (Pf) y tenemos:

**Pf = costo / (1 – (% de markup)**

**Ejemplo: Si el costo es 1 y el markup es del 20%, el precio final será 1,25.**

**Criterios para determinar el valor del *markup*:**

El *markup* que fija una empresa suele depender de los siguientes factores:

1. Experiencia previa: La experiencia de la empresa en la ejecución de obras similares puede influir en la fijación del margen.
2. Características de la obra: El tipo y naturaleza de la obra pueden requerir diferentes márgenes de beneficio.
3. Tamaño y duración del proyecto: Los proyectos más grandes o de mayor duración podrían necesitar un margen de beneficio más alto para cubrir mayores costos administrativos y financieros a lo largo del tiempo.
4. Condiciones de pago: Si se requiere financiación o préstamos, los intereses asociados pueden influir en el margen necesario.
5. Condiciones del mercado: El nivel de competencia y las condiciones actuales del mercado en la industria de la

construcción pueden afectar el valor del margen. En mercados altamente competitivos, es posible que las empresas tengan que reducir su margen para ganar contratos, mientras que en mercados menos competitivos, pueden establecer márgenes más altos.
6. Interés o necesidad del proponente: La motivación o necesidad del cliente para ejecutar el proyecto puede influir en la fijación del margen.
7. Reputación y experiencia de la empresa: Empresas de construcción con buena reputación y experiencia pueden justificar márgenes de ganancia más altos en comparación con empresas más nuevas o menos experimentadas.
8. Nivel de riesgo: Los proyectos con mayores niveles de riesgo, complejidad o incertidumbre pueden justificar un margen de beneficio más alto para cubrir posibles contingencias y desafíos.

Es esencial que las empresas constructoras encuentren un equilibrio adecuado para ser competitivas, garantizar la rentabilidad y asegurar la sostenibilidad a largo plazo

## Definir el costo impositivo

Impuestos a considerar en la estimación de costos

Al preparar una propuesta, es necesario considerar el monto de las cargas tributarias que afectan las finanzas del proyecto.

En esta publicación damos una visión general de los tipos de impuestos que gravan al sector de la construcción.

Las obligaciones fiscales de los contratistas de la construcción pueden variar dependiendo de varios factores, incluida la estructura legal del contratista (empresa unipersonal, sociedad de responsabilidad limitada, anónima, etc.) y el país o región en el que operan.

El costo por impuestos es el último paso a completar para estimar con éxito el precio de oferta.

**¿Qué es un impuesto?**

Un impuesto es un cargo o gravamen financiero obligatorio impuesto por el gobierno a individuos, empresas u otras entidades, para financiar gastos públicos y programas gubernamentales.

Los gravámenes son la fuente principal de ingresos para los gobiernos en los distintos niveles (local, regional, nacional) y se utilizan para financiar servicios públicos como el desarrollo de infraestructura, atención médica, educación, defensa, programas de bienestar social y más.

Los impuestos generalmente se hacen cumplir a través de la legislación y los recaudan las autoridades tributarias o las agencias gubernamentales responsables de la recaudación de éstos ingresos.

Las leyes y regulaciones fiscales específicas pueden variar de un país a otro, e incluso dentro de diferentes jurisdicciones dentro de un país.

Se pueden imponer impuestos sobre diferentes tipos de actividades e ingresos, por ejemplo:

**Impuesto sobre la renta personal:**
Este gravamen se aplica sobre los ingresos obtenidos por las personas. Generalmente se calcula sobre la base de un sistema de tasa impositiva progresiva, donde las individuos con ingresos más altos están sujetos a tasas impositivas más altas.

**Impuesto sobre la Renta de las Sociedades:**
Esto se aplica sobre las ganancias obtenidas por las empresas o

corporaciones. Las tasas del impuesto corporativo pueden variar según la jurisdicción y el tamaño de la empresa.

**Impuesto sobre las ventas o Impuesto al valor agregado (IVA):**
Este impuesto grava la venta de bienes y servicios.
Suele ser un porcentaje del precio de compra y lo cobran las empresas en el punto de venta.

**Impuesto sobre la propiedad:**
El impuesto grava el valor de los bienes inmuebles u otras propiedades de personas o empresas.
Los impuestos a la propiedad suelen ser evaluados por los gobiernos locales y utilizados para financiar servicios locales como escuelas, carreteras e instalaciones públicas.

**Impuesto sobre la nómina:**
Este es un impuesto retenido de los salarios de los empleados y pagado por los empleadores para financiar programas de seguridad social, atención médica y otros beneficios.

**Impuesto especial:**
Es un impuesto que grava bienes o actividades específicas, como tabaco, alcohol, combustible, artículos de lujo o productos nocivos para el medio ambiente.
Los impuestos especiales se utilizan a menudo para desalentar ciertos comportamientos o para financiar programas o iniciativas específicas.

Estos son solo algunos de los distintos tipos de impuestos que existen.

La tributación es un tema complejo y los gobiernos pueden utilizar diferentes estructuras y políticas tributarias para lograr sus objetivos fiscales.

Es importante comprender y cumplir las leyes y regulaciones tributarias de cada jurisdicción específica para evitar sanciones y garantizar una contribución adecuada a las finanzas públicas.

En términos económicos, los impuestos transfieren riqueza de individuos o empresas al gobierno.

**Cargas tributarias a considerar en la propuesta**

En general, el Cliente no es responsable de ningún impuesto, tasa o contribución, ya sea nacional, provincial, municipal o extranjera, que grave al contratista durante la ejecución del contrato.

Esta es una práctica común en todos los contratos por lo que el oferente debe contar con un asesoramiento adecuado sobre el tipo y costo de los impuestos que aplican.

En ocasiones, el contratante también es agente de retención, por lo que deducirá de cada pago el monto que corresponda según las normas legales vigentes en materia de Impuesto a la Renta, Impuesto a los Ingresos Brutos, e IVA.

Es fundamental tener en cuenta que las obligaciones tributarias suelen ser complejas y la información anterior proporciona solo una descripción general.

*Los contratistas de construcción deben consultar a un profesional fiscal o un contador para garantizar el cumplimiento de todas las leyes y regulaciones fiscales aplicables.*

# Ejemplo de cálculo de mano de obra directa

**Mano de obra a emplear en la ejecución de una base de hormigón armado.**

En este ejemplo, se estiman las horas-hombre necesarias para la construcción de una base de hormigón armado.

Para este proyecto, el hormigón se suministra desde una planta de hormigón elaborado semiautomática, ubicada en el mismo predio de la obra.

En la figura siguiente se muestra el proceso de llenado de la estructura, ya encofrada y con la armadura instalada.

**Base a Construir**

La base a construir tiene las siguientes dimensiones:

Altura: 0,50 m

Largo: 3 m

Ancho: 2 m

Esto resulta en un volumen total de la fundación de 3 m³. Se utilizará una cuantía de 100 kg de hierro por cada m³ de hormigón.

A continuación, se presenta un cuadro con la cantidad de horas-hombre estimadas para la construcción de la base. Se excluyen los tiempos de excavación y relleno.

| Cálculo de las horas hombre necesarias para la ejecución de una base de hormigón armado de 2*3*0,50 m de alto | | | | |
|---|---|---|---|---|
| Ítems | Cantidad | Unidad | Rendimiento | hs-h |
| Hierro de construcción cuantía 100kg/m3 | 300 | kg | 10 kg/hs-h | 30,00 |
| Hormigón elaborado a colar en la base | 3 | m3 | 1,50 hs-h/m3 | 4,50 |
| Fabricación de encofrado, a usar una sola vez | 5 (Pared húmeda) | m2 | 0,35 m2/hs-h | 14,28 |
| Total | | | | 48,78 |

Tiempo total estándar para hacer esta base:

**30 hs-h + 4,5 hs-h + 14,28 hs-h = 48,78 hs-h.**

A este valor se le deben adicionar los tiempos variables, que son específicos de cada de obra.

**Tiempos Variables**

1. Tiempos necesarios para el traslado interno de los materiales al lugar de construcción de la base.
2. Tiempos dedicados al replanteo y control del proyecto.
3. Tiempos para la depresión de napa, si corresponde.
4. Tiempos empleados en la excavación y posterior relleno del suelo.
5. Tiempos requeridos para la ejecución del hormigón de limpieza.
6. Tiempos destinados al curado, desencofrado y limpieza de la estructura.

7. Tiempos adicionales si la base se construye en el interior de una planta en funcionamiento.

## Ejemplo de costo horario de un equipo

En este ejemplo, calcularemos el costo por hora de una camioneta Ford F150 4×4 de 6 cilindros.

Es importante que el lector sustituya los valores utilizados en este ejemplo por los que sean vigentes en su región.

**Fórmula del costo fijo:**

Valor neto del equipo (**Vn**):

$$Vn = \text{Valor neto} = Vad - P4 - Pe$$

Donde:

**Vad** es el valor de adquisición.

**P4** es el coste de sustitución de 4 neumáticos al año.

**Pe** es el valor de las piezas especiales o accesorios.

La siguiente tabla presenta los parámetros utilizados para el cálculo.

| Ítem | Información |
|---|---|
| Valor de adquisición | Vad = USD 23000 |
| Vida útil | Vu = 6000 horas |
| Valor de las llantas | P4 = USD 1000 |
| Costo piezas especiales | Pe = USD 0 |
| Valor neto del equipo | Vn = Vad - P4 - Pe = USD 22000 |
| Factor de rescate | R = 20% |
| Valor de reventa | Vn * r = USD 4400 |
| Horas de trabajo anuales | 2000 horas |

## Costo fijo del equipo

Fórmulas a utilizar:

### Valor de reventa de la maquinaria y vehículos

**Vrev** = El valor de reventa de un vehículo al final de su vida útil.

Para el F150 tomamos un valor de reventa del 20% del valor de adquisición.

### Depreciación

El valor a asignar para la depreciación surge de la siguiente fórmula

$$D = [Vn - Vrev / Vu]$$

### Interés medio de la inversión = Im

Interés medio de la inversión a un tipo de interés anual = **i**

El monto a añadir al costo del equipo por el interés medio de la inversión se calcula de la siguiente manera:

Se toma el valor medio del equipo (promedio entre el valor neto **Vn** y el valor de reventa **Vrev)**, se lo divide por 2,000 horas anuales y al resultado se lo multiplica por la tasa de interés anual.

$$Im = \{[Vn + Vrev]/2 * 2000\} * i$$

### Costo por seguro, impuestos y almacenamiento

Los costos anuales de seguro, impuestos y almacenamiento del equipo son los siguientes:

- Costo del seguro: 5.5% del valor medio del equipo.
- Costo de los impuestos: 1.5% del valor medio del equipo.
- Costo de almacenamiento: entre 1.5% y 2% del valor medio del equipo.

Para calcular los costos por hora, dividimos estos montos por el número de horas de trabajo anuales, que es de 2,000 horas.

### Mantenimiento y reparación de la maquinaria

Los costos de mantenimiento incluyen reparaciones y repuestos. Asignamos al costo horario de mantenimiento por reparaciones y repuestos de la camioneta F150 un valor igual al 50% de su valor de amortización.

Las fórmulas utilizadas para calcular el costo fijo por hora de la F150 se presentan en la siguiente tabla.

| Costos Fijos por Hora | | |
|---|---|---|
| ítem | Fórmula | Costo parcial |
| Valor a depreciar | $D = (Vn - Vrev) / Vu$ | $(22000 - 4400) / 6000 = USD\ 2,93$ |
| Intereses a recuperar por la inversión. Tasa 3% anual | $Im = ((n + Vrev) / 2 * 2000) * i$ | $((22000 + 4400) / 2 * 2000) * 5,5\% = USD\ 0,20$ |
| Costo del seguro por todo resto 5,5% del valor promedio del equipo | $Sm = ((Vn + Vrev) / 2 * 2000) * s$ | $((22000 + 4400) / 2 * 2000) * 5,5\% = USD\ 0,36$ |
| Costo por impuestos 1,5% del valor promedio por el equipo | Impuestos = $((Vn + Vrev) / 2 * 2000) * 1,56$ | USD 0,10 |
| Costo por almacenaje 1,5 del valor promedio del equipo | Almacenaje = $((Vn + Vrev) / 2 * 2000) * 1,5\%$ | USD 0,10 |
| Costo de mantenimiento y reparaciones para tipo de trabajo liviano | $D * 0,60$ | $2,93 * 0,60 = USD\ 1,76$ |
| **Costo Fijo Total por Hora** | $2,93 + 0,20 + 0,36 + 0,10 + 0,10 + 1,76 = 5,45$ | |

Resumiendo, el costo horario fijo de la F150 del ejemplo es de 5,45 USD/hora.

**Costo horario por consumos:**

Costo horario por combustible y lubricante

Supuestos:

1. La camioneta opera 2,000 horas al año.
2. El consumo de combustible de la camioneta es de 8.5 litros por hora.
3. El precio de un litro de combustible es de 1 USD.

A continuación, se detallan los principales factores que afectan el consumo de combustible:

- Estilo de conducción
- Aceleración del vehículo

- Velocidad de conducción
- Edad del vehículo
- Estado de mantenimiento del vehículo
- Temperatura ambiente
- Dirección e intensidad del viento
- Condiciones de tráfico
- Tipo de conducción: ciudad o carretera
- Revoluciones del motor
- Carga transportada por el vehículo
- Tipo y calidad del combustible utilizado
- Condiciones de la carretera
- Uso del aire acondicionado

Normalmente, las empresas registran el consumo de combustible de cada máquina durante un periodo, por ejemplo, un mes, y luego dividen este consumo entre el tiempo de trabajo mensual de la maquinaria para obtener el consumo de combustible por hora del equipo.

**Costo por lubricante**

En el caso de la camioneta, el costo del consumo de lubricantes se estima en un 7% del costo horario de combustible.

El método adecuado para determinar el consumo horario de aceite en una máquina consiste en registrar el uso de todos los tipos de lubricantes, incluyendo el aceite del motor, el aceite hidráulico y el aceite de la transmisión, tanto para cambios como para reposiciones durante un mes. Luego, se divide esta cantidad por el tiempo de trabajo mensual de la maquinaria.

Es común relacionar el consumo de lubricantes con el consumo de combustible en el mismo período y expresar el consumo de lubricantes como un porcentaje del costo horario del combustible

## Costo por neumáticos

En este ejemplo, asumimos que los neumáticos de la camioneta tienen una vida útil muy corta, de solo un año, debido a que el vehículo circula por carreteras en mal estado. Se estima que el costo anual de los 4 neumáticos es:

**P4** = $1,000

## Recomendaciones a tener en cuenta para los neumáticos:

En general, la resistencia a la rodadura de los neumáticos representa aproximadamente el 15% del consumo total de combustible.

Al comparar neumáticos similares en términos de agarre y confort de marcha, es recomendable optar por aquellos con menor resistencia a la rodadura, ya que ofrecen un mayor ahorro de combustible.

En cualquier neumático, una presión más baja incrementa la resistencia a la rodadura, lo que a su vez aumenta el consumo de combustible.

La siguiente tabla resume el costo por consumo horario del Ford F150 4×4 en nuestro ejemplo.

| Costo Horario por Consumos ||
|---|---|
| Consumo de combustible | 8,5 Litros/hora |
| Precio del combustible(Pc) | UDS 1 * Litro |
| Costo horario por consumo de combustible | 8,5 * 1 = USD 8,50 |
| Costo por lubricantes | 7% * 8,5 = UDS 0,60 |
| Costo hora por llantas | P4 / 2000 = 1000 / 2000 = USD 0,50 |
| **Total** | 8,50 + 0,60 + 0,50 = USD 9,60 |

## Costo Operativo

## Costo por hora del operario

El costo de la mano de obra incluye:

1. El salario por hora del trabajador.
2. Las cargas sociales.

La suma de estos dos elementos debe multiplicarse por el porcentaje de afectación del operario a la tarea.

La remuneración y las cargas sociales de los operarios pueden variar significativamente según el país o la región donde se realice el trabajo.

En este ejemplo, se asume una remuneración de 10 USD por hora y cargas sociales equivalentes al 65% de este salario.

Por lo tanto, el costo combinado de la remuneración y las cargas sociales del operario es de **16,50 USD por hora**. Se considera que el operario está dedicado al 100% a la tarea.

### Costo de la vigilancia

El costo de vigilancia se calcula como el 10% del costo de la mano de obra. En este caso:

$$16{,}50 * 10\% = 1{,}65 \text{ USD}$$

El costo de vigilancia es especialmente relevante para máquinas de alto valor.

### Resumen del costo total por hora

El costo total por hora de la camioneta Ford F150 4×4 de 6 cilindros en este ejemplo se obtiene sumando los siguientes elementos:

1. Costo horario fijo: 5,45 USD
2. Costo de consumos por hora: 9,60 USD
3. Costo de la mano de obra por hora: 16,50 USD
4. Costo de vigilancia por hora: 1,65 USD

$$\text{Costo hora total} = 5{,}45 + 9{,}60 + 16{,}50 + 1{,}65 = 33{,}20 \text{ USD}$$

## Ejemplo de costo financiero

En este ejemplo se identifican las necesidades financieras para la ejecución de una obra específica, que se detalla a continuación. El trabajo consiste en construir dos bases de hormigón armado de 10 m³ cada una.

**Para realizar este análisis, se elabora un diagrama de Gantt que muestra todas las tareas a desarrollar durante el tiempo de la obra.**

En el diagrama de Gantt, se incluye el flujo de fondos o los gastos mensuales necesarios para la ejecución del proyecto, lo que equivale a la elaboración de un plan de inversiones aproximado.

Una vez definido el plan de inversiones, es crucial determinar las fechas y los montos de los ingresos que se recibirán por el avance de la obra, en concepto de cobro por la obra ejecutada.

La comparación entre las tablas de valores de inversiones o gastos y de pagos o ingresos (payback) permite identificar la necesidad de capital y el período en el que podría producirse una escasez de fondos.

En la figura se muestran los gastos mensuales requeridos para la ejecución de la obra y los ingresos esperados, suponiendo que los pagos se realizan 30 días después de la fecha de certificación mensual y que el beneficio constante es del 30% sobre los gastos.

En este escenario, el contratista deberá contar con fondos propios durante los primeros tres meses. Si no dispone de estos fondos, será necesario buscar financiamiento para poder llevar a cabo la obra.

**Plan de Inversiones**

| Investment Plan | % | Mes 1 | Mes 2 | Mes 3 | Mes 4 | Mes 5 | Mes 6 |
|---|---|---|---|---|---|---|---|
| Montaje del obrador y movilización de obra | 8% | | | | | | |
| Compra de hierro y madera para encofrados | 8% | | | | | | |
| Replanteo y excavación para dos bases de 10 m3 | 8% | | | | | | |
| Montaje de armaduras y encofrado | 16% | | | | | | |
| Colado de hormigón elaborado | 46% | | | | | | |
| Desencofrado y relleno del entorno de la base | 6% | | | | | | |
| Desmontaje del obrador y desmovilización | 8% | | | | | | |
| **Resumen:** | | | | | | | |
| Gastos por mes (se incluyen los gastos generales) | | 22% | 64% | 6% | 8% | | |
| Gastos acumulados | | | 86% | 92% | 100% | | |
| Ingresos previstos por pagos del comitente. Forma de pago: Certificación mensual con pago a 30 días f/f (se incluye un 30% por beneficios) | | | 22%*1.3 = 28.6% | 64%*1.3 = 83.2% | 6%*1.3 = 7.8% | 8%*1.3 = 10,4% | |
| Ingresos acumulados | | | 28.6% | 111.8% | 119.6% | 130% | |

Para mayor claridad se resumen los datos en la siguiente tabla donde se muestra el flujo de fondos necesarios para ejecutar la obra.

| Meses | Gastos expresados como porcentaje | Ingresos expresados como porcentaje | Saldos acumulados expresados como porcentaje |
|---|---|---|---|
| 1 | 22 | 0 | -22.00 |
| 2 | 64 | 0 | -86.00 |
| 3 | 6 | 28.60 | -63.40 |
| 4 | 8 | 83.20 | 11.80 |
| 5 |   | 7.80 | 19.60 |
| 6 |   | 10.40 | 30.00 |

# Sobre el autor

**Gustavo Miguel Cinca**, oriundo de San Rafael, Argentina, es un ingeniero químico graduado con honores de la Universidad Nacional de Cuyo. A lo largo de su carrera, ha desempeñado funciones críticas como director de obra in situ en numerosos proyectos de gran envergadura. Posteriormente, fundó y lideró con éxito su propia empresa de construcciones y montajes industriales, acumulando más de 20 años de experiencia en el sector.

Gustavo ha sido un pilar en la construcción de infraestructuras clave, abarcando desde plantas de procesamiento químico y refinerías hasta gasoductos, plantas compresoras y centrales térmicas. Su trabajo no solo se ha limitado a Argentina, sino que también ha tenido un impacto significativo en proyectos internacionales.
A lo largo de su trayectoria, el Autor ha sobresalido por su

compromiso inquebrantable con la excelencia, la seguridad y la innovación, valores que ha implementado rigurosamente en cada proyecto que ha liderado. Basándose en esta vasta experiencia, el autor pone a disposición del lector este libro, compartiendo conocimientos y lecciones clave adquiridas a lo largo de su carrera.

## Otros Libros del autor

**Ejemplos de Presupuesto - Piping**

Cálculo de horas hombre para el montaje de Cañerías de Proceso de Acero al Carbono con Ejemplos.

*En este libro el Autor detalla un método simple para el cálculo de las horas hombre requeridas para el montaje de cañerías de proceso de acero al carbono.*

*Los registros de las Tablas son una reproducción fiel de los rendimientos que usó el Autor durante su carrera laboral.*

**NEW!**

# Tipos de Juntas Bridadas

Bridas, espárragos y juntas
Prácticas Recomendadas para el Montaje de Juntas

*En esta publicación encontrará un gran número de imágenes, principios básicos y descripciones, que le ayudarán a resolver las cuestiones más comunes que surgen durante el proceso de montaje de una unión embridada.*

*El libro pretende ser una herramienta de orientación para los principiantes y de lectura sencilla para los experimentados.*

# Cañerías Roscadas

Montaje de Cañerías Roscadas de Acero al Carbono, Cálculo de Horas Hombre con Ejemplos

*Cañerías Roscadas. Montaje de Cañerías Roscadas de Acero al Carbono, Cálculo de Horas Hombre con Ejemplos.*
*En este libro Usted encontrará información precisa sobre los diferentes tipos de uniones roscadas de acero al carbono que se utilizan en la industria y en instalaciones domiciliarias.*

# Básico de Válvulas

## Tipos de válvulas. Tablas con rendimientos de Mano de Obra

*Recomendado para iniciados.*
*En esta publicación se describen los tipos de válvulas que se emplean en los sistemas de cañerías. El libro incluye, como complemento, Tablas con registros de las horas hombre requeridas para el montaje de válvulas de extremos roscados, bridados, con unión buttweld y de bulón pasante.*

www.ingramcontent.com/pod-product-compliance
Lightning Source LLC
Chambersburg PA
CBHW080503220526
45465CB00006B/2358